与最聪明的人共同进化

CHEERS

HERE COMES EVERYBODY

细红线模型

[加] 塔姆森·韦伯斯特 著
Tamsen Webster

诺壹乔 译

Find Your Red Thread

浙江教育出版社·杭州

测一测

你知道如何通过讲故事影响别人吗?

扫码激活这本书
获取你的专属福利

扫码获取全部测试题及答案
了解如何利用故事实现愿景

- 沟通中,针对的范围越大,传播的范围越广。这是对的吗?
  A. 对
  B. 错

- 根据哈佛商学院教授杰拉德·扎尔特曼(Gerald Zaltman)的研究,无意识决策占所有决策的比例是:
  A.20%
  B.50%
  C.80%
  D.95%

- 如果你想让自己的想法具有令人难以抗拒的吸引力,最好的方法就是:
  A. 为你的想法包装几句名人名言
  B. 为你的想法包装一个名人故事
  C. 以你的想法构建一个人们愿意复述给自己听的故事
  D. 以你的想法构建一个打动你自己的故事

扫描左侧二维码查看本书更多测试题

让你脑中优秀的想法
具有令人难以抗拒的吸引力

"言辞……只是思想的外衣。"

—— 阿加莎·克里斯蒂
《ABC 谋杀案》

前　言

构建一个人们愿意复述给自己听的故事

本书可以用一句话概括：如果你想让自己的想法具有令人难以抗拒的吸引力，最好的方法就是以你的想法为主题，构建一个人们愿意复述给自己听的故事。

如果你已经知道该如何实现这种效果，或者你的想法已经具有让人难以抗拒的吸引力，那么大概不需要再读下去了。虽然我十分感激你能够拿起这本书，但是它并不适合你。

反之，如果你认为自己的想法非常有用，足以改变某个人、某块市场，甚至全世界，但其他人尚未认识到它的好，那么，这本书就是写给你的。本书的受众是那些和你一样，渴望用自己的想法影响世界的人；是那些认为自己的想法背后所蕴藏的潜力比目前所展现的潜力要大得多的人；是那些虽然特别渴望，也特别愿意去表达，却很难说清楚想法中令人难以抗拒之处的人。

其实，我已经把你需要做的事全都告诉你了：以你的想法为主题，构建一个人们愿意复述给自己听的故事。你将在后文中学习到如何做到这件事，我称该技术为"细红线模型"。

让你的想法易于理解

在瑞典及其他一些北欧国家中，人们用"细红线"表示某个事物背后的核心理念，也就是一条可以将所有元素串联起来的"主线"。当你在阐明事物背后的含义时，可能会用到这个词。比如，你可以这么发问："这件事背后的细红线是什么呢？"答案可能是这样的："这件事背后的细红线是，不仅要推动人们展开行动，而且要推动人们实现长期的改变。"换句话说，这个词可以用来剖析很多问题的根源。例如，当你阐述自己的想法时，可能会被问到："你的想法是什么？是关于什么内容的？"还会被问到一个更基础的问题："为什么你的想法值得我去关注？"

无论是产品、品牌、业务，还是服务，其背后都有一条细红线。所谓"细红线"，就是你在构思某个想法的过程中，你头脑里的思考路线。如果希望自己的想法可以让人们行动起来，并创造真实、长期的改变，那么就需要让其他人也能理解你的想法，并从你的想法中看到一条细红线。在开展业务或宣传产品和品牌时，在有人访问你的网站时，在一场销售会议上或一次商务演示中与人交流时，在参与线上视频会议或讲解一份会议幻灯片时，你都需要确保听众能从你的回答中听到那条细红线。这一切的重中之重，就是让人们理解并认同你的想法。他们需要以这条细红线为向导，穿越一座迷宫；这座迷宫就在他们自己的头脑中，里面充斥着各种无关的想法和观点。细红线让你的听众按照你期望的方式付诸行动，以得到你想要的成果。

"细红线"这个说法来自神话中的一个英雄故事。故事中，英雄杀死了一头怪兽，然后从一座复杂的迷宫中逃了出来。你很快就会知道，你就是这位神话英雄的"现代版"。

目前要做的第一步，就是要从你的想法中找出一种特殊的模型，我称之为"细红线模型"。

本书的所有内容都是围绕这个"细红线模型"展开的。以下两个问题对你的想法至关重要："你的想法是什么""为什么人们要去关注你的想法"。细红线模型就是针对以上问题给出的简洁、有力的答案。我将会教你一套流程，这套流程能让你的想法变得所向披靡，让你对包括合作客户、产品用户、投资人等在内的所有听众提出的问题都对答如流。

如何使用本书

在阐述想法时，你渴望表达的内容与听众需要听到的内容并不相同。对听众来说，两者之间的差距就是阻止其行动起来的最大障碍。若要被激发到付诸行动的程度，我们的大脑必须接收到遵循特定模型的信息，而这套模型的本质就是故事。在本书中，你将学习到如何利用故事结构中的5个核心要素来阐述你想法中的核心要素，以及与其相关的论据。

这本书分为3个主要部分。在第1部分"背景"中，我将向你解释瑞典语中"细红线"的含义，以及本书的核心概念——"细红线模型"；介绍故事的5个核心要素，你将在本书后面的内容中经常用到这些要素：

- 设立一个目标。
- 提出一个对方身在其中却不自知的难题。
- 揭示一个需要对方做出相关抉择的真相。
- 明确一个在思想上或行为上的改变。
- 描述一个或多个能让上述改变落实的行动。

如果你想开始撰写属于你自己的细红线模型，就需要明确3件事——细红线模型的具体用途、目标听众和预期成果。

本书的第2部分是"元素"，在这一部分中，我们会深入学习细红线模型的5种话术。目标、难题、真相、改变、行动——你的故事便是由这5大元素组成的，而 5 种话术就是将这些元素具体化、模板化的表达方法。第 2 部分的每个章节都会包含如下内容：相关元素的定义、相关话术的标准、撰写话术的详细指南。除了 5 大元素外，你还会看到"升华目标"这一章。这一章可以帮你完成细红线模型的最后一步，让所有内容形成一个闭环。

  本书的最后一部分是"组合"。我将在这部分教你如何把细红线模型的话术组合成两种我和客户都认为最实用的形式：第一，一段式总结。这种形式在该部分中被命名为"细红故事线"，它可以把你撰写的所有细红线模型的话术全都串联起来。第二，一句式总结。我将其命名为"细红主线"，本书开头的句子就是一个例子。在本书末尾的总结章节，我还会补充两种细红线的特殊含义及其使用方法。此外，细红线还有第三种含义，也可能是最重要的一种含义：在你为想法构建细红线模型时，也许会在过程中找到你自己的细红线模型。

> 愚者彷徨游荡，智者勇往直前。

细红线模型的用途及用法

你接下来要学的这套方法,我已经在成百上千的想法上和客户身上测试过。这其中就包括一些永远持有质疑态度并患有"故事恐惧症"的客户——科学家和工程师。目前,我已经把这套方法教给了成千上万的人,他们把这套方法用在了各种各样的沟通场景中:

- ☐ 撰写营销材料。
- ☐ 进行销售战略对话。
- ☐ 举行推介会及进行内部演示。
- ☐ 开展公众演讲,如主题演讲、小型会议、多主题工作坊等。
- ☐ 进行以筹款为目的的征询。
- ☐ 撰写书籍和网络内容。

使用效果如何呢?我的客户及其他人运用细红线模型为他们的专业研究、创业公司、组织机构募集了数百万美元的基金。有数十家公司用这套方法制定了内部定位及市场定位的基础框架；有不少作者用这套方法写出了最初的选题大纲，进而出版了包括各类畅销书在内的多种图书；还有很多演讲者用这套方法构思了自己演讲的内容大纲，由此诞生的演讲数以百计，其中既有公司内部例会上的演讲，也有TED和TEDx上的演讲（这些演讲在YouTube上拥有超千万的点击量）。综上所述，这套方法可以让你凭借自己的想法获得期望的影响力。

在本书中，你会看到许多运用细红线模型的案例。通过如下案例，你会看到细红线模型的效果（按出场顺序排列）：

- 一家生命科学领域的初创公司优尔舒（UrSure）[①]。这家公司希望优化它们的融资推介。
- 民族志学家王圣捷。她希望能够打造一场足以

[①] UrSure 的读音很像"you are sure"（你确定），优尔舒仅为音译，不代表该公司官方中文名。——译者注

成为 TED 网站专题演讲模板的 TEDx 演讲（这个愿望的确实现了！在本书创作期间，我的另外 6 位客户也实现了同样的目标）。

- 一家非营利传媒公司的编辑及其筹款团队。他们希望在一个新项目上能够获得公司管理层的认可，并得到相应的资金支持。
- 图书作家、演说家、教练琳达·乌格洛夫（Linda Ugelow）。她希望起草一份大纲，并以此为基础撰写一本书，后来她的确做到了。
- 职场教练兼职业规划专家特蕾西·蒂姆（Tracy Timm）。她希望根据新的听众，有针对性地调整自己的营销文本。
- 演说家、作家、第二城喜剧团[①]前成员朱迪·霍勒（Judi Holler）。她希望对自己现有的幻灯片进行调整和优化，以帮助她获得更高的收入和更大的舞台。

[①]美国著名的即兴喜剧剧场及喜剧教学组织。——译者注

□ 战略家、作家、演说家特德·马（Ted Ma）。他希望提升自己的领导力文本与其他竞争对手的差异度。

还有一件事需要提醒你：在你阅读的过程中，请留意每个章节开篇处的要点汇总，这些要点汇总是我基于细红线模型所撰写的。它们就是本书每个章节的框架，从更宏观的角度看，也是整本书的框架。因此，这本书本身就是细红线模型的一个实践案例，它也可以作为你构建自己优秀想法的参考。

构建一个既独特又普适的故事

优秀的想法不是找出来的，而是构建出来的——你需要创造一个内容独特且普适的故事，然后在这个框架上一点点地添加内容，直到构建出整个想法。你创造的故事将你看待世界的独特视角，以及由此引发的种种独特行为联系在一起。你的故事会构成细红线，而你每天都会在不知不觉中跟随这条细红线的指引。

如果你没有遵循细红线模型，那么你构建而成的故事就不可能清晰易懂，无论是你自己还是其他人，都会很难理解它。而一旦有了细红线模型，一大堆零散的碎片就会逐渐组合成你完整的想法和故事，然后在某个瞬间，你看待世界的角度将改变，而且这种变化通常是不可逆的。这就是传说中的"尤里卡"（Eureka）[①]时刻，阿基米德在浴缸中体验过这种惊喜，艾萨克·牛顿在琢磨苹果时也体验过这种惊喜。这种顿悟的瞬间会让你发现干掉怪兽的新方法，让你知道你可以创造出想要的改变。

不过与此同时，你的故事也需要具备普适性。你需要让每个人的大脑都能跟上你的思路，并且听懂你的表述。正因如此，你才有可能按照一个通用框架去讲述你的故事，才有可能在别人的头脑中构建出细红线模型，无论是通过闲聊，还是阅读书籍去构建。

[①] 该词源自古希腊学者阿基米德，他想出浮力的计算方法时，惊喜地喊了声"尤里卡"，用于表达顿悟后的惊喜。——译者注

然后，他们就会和你当初一样，体验到自己的"尤里卡"时刻。在某个瞬间，他们突然就知道应该如何按照你的方式干掉他们所面对的怪兽了。那一刻，你的想法内化为了他们自己的想法。

这就是细红线模型的力量和潜力。很多人用这套方法将自己的想法转变为了实际的行动，而我从这些人的口中听到最多的话是："这套方法真的很管用。"

现在，让这套方法也为你所用吧！

> 优秀的想法不是找出来的，
> 而是构建出来的。

目　录

前　言　构建一个人们愿意复述给自己听的故事

第 1 部分　为什么要用细红线模型　001

第 1 章　思维与表达的逻辑　002

第 2 章　用途、成果与听众　027

第 2 部分　细红线模型的组成元素　047

第 3 章　目标，你和受众的共赢　048

第 4 章　难题，巧妙引入新视角　074

第 5 章　真相，锁定关键冲突　104

细红线模型　Find Your Red Thread

第 6 章	改变，让听众拥有自主权	130
第 7 章	行动，丰富细节是关键	148
第 8 章	升华目标，给予额外回报	170

第 3 部分　打磨你的细红线模型　187

第 9 章	试组模型：填空游戏和强度测试	188
第 10 章	提炼主线：一句话表达想法	215

结　语　用好细红线模型，让你的想法不可抗拒　227
致　谢　237

FIND YOUR RED THREAD

第 1 部分

为什么要用细红线模型

第 1 章

思维与表达的逻辑

目标： 把你的想法转变为行动，甚至借此改变世界。

难题： 在你阐述自己的想法时，你渴望表达的内容与听众需要听到的内容之间存在着巨大的差异。听众在根据你的想法展开行动之前，需要理解并认同你的想法。

真相： 在处理想法、接受想法，以及付诸实践时，人类的大脑会遵循一套特定的结构，那就是故事。任何想法都建立于故事之上。

改变： 如果你希望自己的想法可以真正促使听众展开行动，并且创造可持续的改变，你就需要以自己的想法为基础，构建一个听众愿意复述给自己听的故事。

行动： 想要构建出这样的故事，你需要回想一下，当初产生这个想法时，你的大脑为它构建出了怎样的一个故事。这个故事就是你的细红线模型。

一种万能工具

本书中的"细红线模型"与习语中的"细红线"同源，它们的名字都来自古希腊神话中一条解开古老谜题的妙计，英雄忒修斯正是利用这条妙计打败了"牛头怪"弥诺陶洛斯。对忒修斯来说，解决牛头怪至关重要，因为作为雅典未来的国王，他只有干掉这头怪兽才能拯救他的城市。

但是，忒修斯面对的难题不止这一个。他成功把牛头怪干掉后，还得从牛头怪居住的迷宫中逃出来。让忒修斯头疼的是，这座迷宫光线不足、道路复杂，就连牛头怪自己都被困其中。对于忒修斯，逃离迷宫的重要性丝毫不逊于干掉牛头怪。

那忒修斯是怎么做的呢？忒修斯为这两个任务准备了两件法宝——一把用来斩杀牛头怪的利剑和一个用来逃离迷宫的红色线团。有了这个红色线团，忒修斯就可以标记出自己走过的路径，以便斩杀牛头怪后原路返回，逃离迷宫。最终，忒修斯成功杀死了牛头怪，保护了雅典。

忒修斯的故事与你的业务、品牌、产品，或者说，与你的想法有什么关系呢？事实证明，它与你的想法密切相关。世上最棒的想法通常具有两个特点：一是它们能够解决存在已久的问题，比如干掉牛头怪，或者达成渴望已久的目标，比如保护雅典；二是它们能够以全新的方式实现这些目的。好的想法能够从不同层面上改变我们的思维方式。可是这些颠覆性的优秀想法是怎么产生的呢？我们又如何才能将这些想法传播出去呢？这些问题通常都隐藏在迷宫中，而这些迷宫就如同神话中那座围困着牛头怪的迷宫一般，昏暗而复杂。

听众可以是你的客户、委托人、投资人或者其他任何一位你想影响的人。如果你想让他们按照你的想法展开行动,那么让他们听到或看到你想法的细红线模型是至关重要的。不过,在你向听众展示细红线模型之前,你必须先把它找出来。就像神话中的忒修斯一样,你要做的是回溯来时的脚步,回到你想法的诞生地。

想法到底是什么

某一天,你或你的团队提出了一个问题:"我们如何才能做到××呢?""如果我们××会怎么样呢?""为什么我们还没有××呢?"和忒修斯一样,你面前也有一头怪兽需要消灭。如果你问过上述问题,那就说明你已经看到了某个亟待解决的问题、某个亟待满足的需求,抑或某个亟待实现的目标。

带着心中的疑问,你四处寻找答案。你审视了周遭环境,可能还展开了一番深入研究。你发现这个问题有很多答案。你甚至可能尝试过验证其中的一些答案。但不知为何,对这些答案你都不甚满意,至少它们在你心中都不是那个"正确答案"。但是,某一天事情突然出现了转机。你找到一个思考问题的全新角度,或者突然注意到某个此前一直被自己忽略的细节。然而，在顿悟之后，你可能会惊讶于答案竟如此显而易见，而自己和其他人却一直没有注意到！总而言之，你会突然感到茅塞顿开，仿佛头脑中有一只灯泡突然被点亮。你终于找到了问题的答案——如何以一种全新的方式达成目标。对于最初想问的那个问题，你懂得了如何从一个其他人从未想到的角度来回答。

有时候，这种顿悟的过程并非那么一帆风顺。究其原因，也许是你还不太清楚自己的困惑是什么，所以搜寻相应答案的过程也只停留在试探性的摸索阶段。有时候，你已经找到了正确答案，可是你并没有那种豁然开朗的顿悟感，因为你解决问题的方式是一点点发生改变的。但我可以肯定的是，总有那么一瞬间你会突然发现，自己在解决问题时已经拥有了一种全新的方式。这种新方式不但和以往的截然不同，而且更具优势。

这种新方式就来自你的想法。想法的本质就是你对某个问题所给出的答案，而这个问题此前一直没有答案，或者已有的答案全都不够理想。

当你与一只怪兽搏斗时，你的想法提供了打败这只怪兽的新方式。当其他人也遇到相同问题时，也可以使用你的新方式与怪兽搏斗，但前提是他们知道具体的操作方法。举几个例子，网络聊天软件 Slack 为公司内部的人员沟通提供了一种新方式，解决了电子邮件沟通带来的诸多问题。而在过去，电子邮件也曾是一种新方式，解决了当时主流的职场沟通方式——纸质备忘录和商务会议所造成的问题。西蒙·斯涅克（Simon Sinek）[1]的 TED 演讲《从"为什么"开始》为领导者关于"行动激励"的思考提供了一种新方式。很久以前，

---

[1] 西蒙·斯涅克是国际知名演讲家，其领导力演讲在 TED 排名第三。2019 年，他被评为"全球影响力的 50 大管理思想家"之一。此外，他还是一名作家，代表作有《如何启动黄金圈思维》《无限的游戏》。在《无限的游戏》一书中，斯涅克指出，世界上有两种游戏，一种是有限游戏，一种是无限游戏。商业游戏就是一场无限游戏，没有时限，没有终点，更不存在所谓的赢。商业游戏的首要目标就是让游戏一直玩下去，只有这样，才能成为"头号玩家"。该书中文简体字版已由湛庐引进，天津科学技术出版社 2020 年出版。——编者注

钻戒也提供了一种新方式，它让订婚双方可以一目了然地对外展示彼此永恒的承诺。最后这个案例，我们很快会再谈到。

现在，你已经有了一个自己的想法，接下来，你要把这个想法广而告之。但难题也随之而来了。

> 用古老的小提琴
> 能演奏出优美的曲调。
> ———

出师不利

你也许听说过 TED 演讲。TED 演讲是一系列以"传播一切值得传播的思想"为宗旨的演讲，时长从 3 分钟到 18 分钟不等。你可以在网上看到演讲视频。演讲者是许多和你一样喜欢另辟蹊径的人，他们把 TED 演讲作为将自己想法广而告之的渠道之一。

我曾在长达 4 年的时间里担任 TEDx 剑桥的执行监

制人。TEDx 是全球 TED 爱好者自发组织的演讲活动，而 TEDx 剑桥是其中规模最大、历史最久的组织。无论是以前作为 TEDx 的监制人，还是现在作为活动创意的策划人，我都需要去审核演讲者所提交的申请。演讲者在申请阶段，就要解决一道难题："用一句话将你的想法阐述出来，且不得超过 140 个（英文）字符。"

我必须告诉你，大部分 TEDx 演讲者的舞台梦在这一步就破灭了。为什么呢？因为大部分人都做不到在 140 个（英文）字符以内阐述自己的想法。至少他们的阐述方式无法让活动组织者理解他们的想法，也无法让人产生进一步了解他们想法的欲望。这些演讲者无法向组织者解释，他们针对某个重要问题所构思的想法为什么是一种崭新的或者可能更好的解决方案。换句话说，他们无法解释为什么自己的想法是一种干掉怪兽的新方式。迄今为止，在收到的数百份申请表中，我们只见过一份在第一步就直接达到标准的。

要知道，TEDx 演讲的申请者都是在各自研究领域取得了极高成就的科学家与学者。大部分情况下，这些申请者想讲述的内容都是他们通过毕生努力所得到的研究成果，而且没有人会比他们自己更了解。他们对自己的答案了如指掌，却无法把自己的想法阐述清楚，比如语言不够简洁，甚至晦涩难懂。很多时候，在审核申请表时，我和我的同事甚至无法从中找出他们的想法，也无法从中找到我们或听众必须关注他们想法的理由。

在商业领域，我曾多次看到同样的现象重演。25年来，我一直在从事品牌与信息战略规划方面的工作，为各种各样的组织服务：从非营利性组织到营利性组织，从创业公司到跻身"《财富》世界500强"乃至前十强的公司。

同样的现象还存在于我的个人客户身上。组织创始人、研究人员、意见领袖，皆是如此。

历史在一次又一次地重演，太多优秀、重要的想法无法走出创造者的头脑。每当人们必须向听众阐述自己的想法时，它们就消失得无影无踪。

为什么会这样呢？因为仅仅有一个想法是不够的，就算这个想法很优秀。换句话说，仅仅想出一种全新的、更好的方式来干掉怪兽是不够的，还需要更进一步——听众需要面对自己内心各种错综复杂的理解与认知，从中找到出路，因此，你必须告诉听众走出迷宫的方法，如同忒修斯那样，利用细红线进入迷宫中心并从中逃离出来。这是让他们展开行动的唯一方法，也是让你的想法及其背后的希望和梦想存活下来的唯一方法。

我们之后很快会再次谈到迷宫的问题，但在此之前，让我们先讨论一下关于想法的问题。

> 故事是迷宫的地图。

TEDx 测试：你的想法是什么

我知道你在想什么。也许你正在想，这些问题不会发生在你的身上。如果你读了我在前文发出的警告后，仍然决定继续读下去，那说明你也许觉得自己的想法已经非常优秀、清晰了，因此当听众了解到你的优秀想法时，会立刻领会出其中的精妙，并且叹服于你的聪明才智。你觉得自己的想法优秀到你只用透露一丝一毫，就足以永久改变人们的思维和人生。

也许你有自信的理由，但还是让我们先来确认一下你的自信是否准确，对你的想法进行一个"TEDx 测试"吧。

请先找好纸和笔，做好书写的准备。现在，请想象这样一个场景：站在一个人身边，你希望这个人能够根据你的想法展开相关行动，这不仅仅是你的美好愿望，也是你目前的需求。你想动员起来的这个人可以是你的潜在客户，也可以是投资人或出版商，他对你的想法一无所知。现在，请你想象一下，你正站在这个人的身边，你们开始交流，对方向你提出了一个问题："说说吧，您的想法到底是什么？"

请这么做：

写下你对这个问题的答案，就像你大声地把它说出来了一样。

请不要仅仅在头脑中思考你的想法，因为你的头脑会欺骗你。务必把答案写下来！

等你写完之后，我们再进行下一步。

写好了吗？

现在，请你看着自己写的文字，回答以下问题：

☐ 它是一句话吗？

☐ 它的长度控制在140个（英文）字符以内了吗？

☐ 对于完全不了解你想法的人，你的表述能否让他们轻易理解？

☐ 它是否包含听众想了解的某些内容？

☐ 听众是否承认自己对这个内容感兴趣？是否愿意大大方方地承认？即使面对他们的同事和朋友，也是如此吗？

☐ 它是否包含听众此前从未听过的某些内容？

想知道你的想法是否对听众来说具有足够的清晰性、关联性、新奇性，能让他们愿意进一步了解，你就需要把上述所有问题都问一遍。如果你希望为自己的想法争取一个机会，那么你对上述问题的回答必须全部为"是"。如果你对其中任意一个问题的答案为"否"，那么听众很可能会被困在环绕于你想法周围的迷宫中。这就意味着听众不会想继续了解你的想法，也绝不可能按照你的想法展开任何行动。他们只会礼貌地点点头，然后开始聊下一个话题。

不过，你也别灰心。读完本书后，你就会对这个流程，以及自己的想法熟稔于心；你将能打磨出一套清晰、简洁且有说服力的话术，并且利用这套话术促使听众展开行动。我把这套话术称为"细红主线"。

思绪中的迷宫

不过，现在我得告诉你一个坏消息：根据哈佛商学院教授杰拉尔德·萨尔特曼（Gerald Zaltman）的研究，在我们的决策中，有95%的决策是无意识的。它们发生在"黑暗中"，我们甚至意识不到自己已经完成了决策，构思想法的过程很可能也是如此。即使在你挖空心思寻找新想法与创新点的时候，你也不会花时间去关注自己到底是如何思考的。你的大脑能够给予你的反馈，仅仅是不断地告诉你："没错！就是它！""不对！继续想！"

出现这种情况的原因是：当你尝试解决某些难题、实现某些目标，或者针对既有问题寻找全新答案时，你的大脑就像在一座你无法看到却感受得到的迷宫中，不断穿行着寻找出路。每当你的大脑因为某个悬而未决的问题而飞速运转时，每当你感觉答案已经近在咫尺但就是触碰不到时，你就可以感到这座隐形迷宫的存在。正是因为我们无法看到这座迷宫，当我们头脑中的灯泡突然被点亮的时候，才会感觉如此惊喜。

虽然你已经知道正确答案了，但你是怎么找到它的呢？

了解自己找到正确答案的过程是非常关键的，因为听众在了解你的想法时，想知道的就是这个过程。他们想知道为什么你认为自己的答案是正确的，为什么你认为这个答案对他们来说也是正确的。当听众产生这种疑惑时，他们真正想知道的是："你是怎么找到正确答案的？"

这里的难点在于，我们总是倾向于以一个成功穿越迷宫的过来人视角来回答相关问题。事实上，由于迷宫的绝大部分区域是难以看见的，所以我们中的大部分人甚至从来没有意识到自己处于一座迷宫中——这正是那么多想法夭折的关键所在。我们试图告诉别人如何干掉那头怪兽，但此时我们以已经从迷宫中穿越出来的成功者自居，也就是说，我们总是以专家的视角来阐述答案。

很遗憾，这种专家视角是一种诅咒，而且这种诅咒会对我们产生实实在在的负面影响。"知识的诅咒"这个概念起初是由经济学家提出的，后来，心理学家将其解释为"一旦我们掌握了某种知识，就无法想象自己没有这种知识时会发生什么"。

然而，听众并不了解你的知识储备。他们可能只会听到你向他们表达：他们遇到的问题已经被你解决了。你也一定会向他们保证，你所提出的解决方案相当好。但是，当听众在判断某个解决方案是不是他们想要的正确答案时，"他人认可"和"亲自验证"是两码事，在他们遇到的信息比较陌生时尤为如此。正如法国数学家布莱兹·帕斯卡尔（Blaise Pascal）所说："和别人头脑中的想法相比，人们通常更容易被自己头脑中的想法说服。"换句话说，人们不仅渴望找到答案，还渴望能够亲自找到答案。他们需要亲自把那条通往你想法的路径找出来。

如果你此时能为听众构建一套细红线模型，他们就会完全遵照这套模型来行动。

以我的客户之一，初创公司索尔斯蒂斯（Solstice）及它所面对的听众——加利福尼亚某社区居民为例。索尔斯蒂斯公司致力于为社区提供太阳能服务；社区居民无须个人购买任何太阳能电池板或相关设备，就可以享受到太阳能的便利。这项服务不但可以降低能源使用的相关费用，还可以保护环境。社区居民通常会这样问索尔斯蒂斯公司："你们的太阳能服务如何帮我节省开支呢？"索尔斯蒂斯公司面临的难题有两个方面：一方面是社区太阳能服务节省开支的过程比较复杂，难以解释清楚；另一方面是他们给予社区居民的承诺——在没有任何风险的情况下，降低能源开支听上去好得离谱，令人难以相信。

但是，通过引入一个简单的"拼车"例子，我们帮助索尔斯蒂斯公司的潜在客户更好地理解了社区太阳能服务的运作原理。在省钱这件事上，参与人数越多，成效越明显。在太阳能发电的问题上，如果一群人能够共享设备与资源，成本就会更低。我们的这套方法帮助索尔斯蒂斯公司的潜在客户将以下两件事联系在了一起：一是他们心中的一个疑问——这项服务如何帮他们节省开支；二是他们能理解的一种解决方案——与自己的左邻右舍"拼车"，分摊太阳能发电的相关成本。而索尔斯蒂斯公司就是这种解决方案的实现者。

让别人接受你的想法，通常意味着让他们充分认可你的想法，尤其是当你的想法与对方目前的思维或行为相差较大时。这就是细红线模型的用武之地。当确定自己找到的路径通向的是正确答案时，你就可以利用细红线模型，为听众及其大脑提供一幅地图，而不是让他们独自去探索这条认可你想法的路径。更重要的是，细红线模型还能让他们认可一些更小的概念，这样你就可以把漫长的思维之旅拆分成一段段更小的里程。对听众的大脑来说，拆分出的里程越短，安全性就越高。

通用地图——故事

这时候你可能在想:"等一下,你的意思是我在不知不觉中穿越了一座无形的迷宫?而且,我还要为其他人提供一份穿越指南?"

没错,这听上去的确不太妙。但我再告诉你一个好消息:每座迷宫中都有一条可以直达迷宫中心的捷径。你看,对于那95%的无意识决策,我们已经了解了其大部分运作原理:不但知道大脑理解新信息的过程,还知道大脑会搜寻哪些信息,以及大脑在搜到相关信息后会如何处理。对于以上这一切,我们都有准备——我们手上都拿着一幅被叫作"故事"的地图。

故事就是迷宫的通用地图。

当大脑接触到新信息时,它会将其作为故事来处理。它会识别出信息中的不同角色,给各个角色分配不同的动机,还会基于它对世界的已有理解来预测故事的结局。重要的是,即使大脑看到的信息并不是一个标准的故事，比如，不是以"很久很久以前……"开篇的，它仍旧会将其作为故事来处理。你理解世界的过程，就是填补故事空白的过程："为什么我能碰上这种好事？因为我努力了呀！"（你就是故事中的英雄！）"为什么我会碰上这种坏事？因为某人对我怀恨在心！"（他就是故事中的反派！）

我还有个更好的消息要告诉你：由于你已经掌握了大脑的运作规律，所以你为自己赢得了一次前所未有的机遇——你能预测听众会提出哪些问题，并确保自己能够给出答案。这些问题既包括听众会问出口的显性问题，比如"你的想法是什么""为什么它值得我关注"；也包括听众意识不到的隐性问题，隐性问题将决定他们对你的答案是否满意。

这些隐性问题是什么呢？谢天谢地，我们已经掌握了这部分知识。有研究者对成年人、儿童以及婴儿的大脑进行了对比研究，结果显示，三者所关注、学习和记忆的概念类型是有重合的。说得更具体一点，人们都会关注人物（角色）、事件（行动）、原因（动机），以及最终的结果（影响）。事实证明，人们关注的这些元素刚好也是组成故事的主要元素！人类大脑的设定就是如此，它会通过询问各种各样的问题，来帮助我们构建一个合理的故事。

你并不一定要成为讲故事的专家或神经科学领域的专家，才能学会如何把你的观点有效且清晰地分享给你的听众。接下来，我将分步骤向你介绍一种简单的结构，它会帮助你回答听众提出的一切问题，包括显性问题和隐性问题，并且帮你创造出细红线模型。

简化故事的结构

故事有多少，讲述和构建故事的方法就有多少。如果你在网上搜索"如何构建一个故事"，你会发现许多答案，但大部分没什么帮助。你可能听过其中最为简洁的一种答案："故事有开头，有中间，有结尾。"怎么说呢，就像我一个同事说的：就连绳子也有开头、中间和结尾啊！所以，仅仅知道一个故事"有"什么，并不能帮你构建出好的故事。

你也许还听过一种被称作"英雄之旅"的故事。英雄之旅是一种非常著名的单一神话①形式，或者说是一种万能的故事形式。之所以把这种形式称为英雄之旅，是因为这类故事在历史的长河中不断出现，几乎可见于各种文明、各个时代。不过，构建英雄之旅的结构难点在于，大部分人没有足够的时间和耐心去理清和完成整个构建过程的 12 个步骤，至少我自己和我曾共事过的许多人都没有这么多的精力。除此之外，虽然英雄之旅结构很强大，并且具有较高的知名度，但它并不适用于所有的故事。正因如此，正如"英雄之旅"这个名字一样，其使用的范围是有限的。虽然在倾听的时候，这类故事很受我们大脑的欢迎，但是在讲述的时候，我们的大脑并不能自动构建出英雄之旅这样的故事，因为它们

---

① "英雄之旅"之所以也称为"单一神话"，是因为约瑟夫·坎贝尔认为全世界各种神话故事均脱胎于这一故事框架。坎贝尔是西方流行文化的一代宗师、影响世界的神话学大师。他创作了一系列影响力较强的神话学作品，跨越人类学、生物学、文学、哲学、心理学、宗教学、艺术史等领域，包括《千面英雄》《英雄之旅》《神话的力量》《千面女神》《指引生命的神话》《追随直觉之路》等。上述所有作品的中文简体字版已由湛庐引进，浙江人民出版社／北京联合出版有限公司出版。——编者注

会寻找某个更简洁的版本。

为了弄清楚如何才能构建出大脑更喜欢的故事，我探索了各种故事及其叙述的技巧，并且试图从中寻找答案。从虚构类写作到非虚构类写作，从电影写作到戏剧写作，从公众演讲到报告演示，再到市场营销信息、神经科学知识、学习理论、行为经济学理论……只要你能想到的领域，我都看过。我读了成千上万页的文字材料，测试了几十种不同的工具和模型，不仅测试了我自己的想法，还测试了与我合作的 TEDx 演讲者和我服务的客户的想法。

我这么做的目的是什么？是希望能找到这样一种故事结构：

- ☐ 足够简单——哪怕是工作繁忙的人，也能轻易地学会、记住、用好。
- ☐ 足够灵活——拥有多元化的用途。
- ☐ 不失重点——保留故事的核心元素与优势。

实话实说，我没有找到符合以上要求的故事结构。

于是，我自己构建出了一个。

还记得我之前提到过的那些故事元素吗？就是经过科学研究证明，能够帮助我们理解世界，无论什么年龄段都会记得的故事元素。把上述研究与我自己的研究结合起来，从中总结出优秀故事中最常见的元素后，我发现，两个研究中最常见的元素是有重合的。"大脑爱讲的故事"和"大脑爱听的故事"之间有很多共同元素，而我敢肯定，体现出这些共同元素的方法不止一种。不过，以我的经验来看，细红线模型肯定是其中最简单的一种。

基于对数百位客户和数百万听众的测试，我把故事的核心元素简化为以下5个：

☐ 设立一个目标：一旦我们发现了某人心中的所求，就意味着故事情节的序幕正式拉开。

☐ 提出一个听众尚未察觉的难题：这道难题会引起听众内心的矛盾和紧张，而这种矛盾和紧张是一切行为的内在动力。

☐ 揭示一个真相：这个真相将迫使对方做出行

动,因为再不行动就无法实现自己的目标。当听众意识到这一点时,他就不得不做出抉择。在故事中,这一节点通常被称为"真相时刻"、"故事的中点"或"故事的高潮"。

- 明确一个改变:这部分的内容是真相导致的结果,它决定了故事能否有一个幸福的结局。
- 描述一些行动:在这一步,听众将会付诸行动,让改变成为现实。

目标、难题、真相、改变、行动。如果你的大脑对某个想法产生了任何疑问,这5个元素就是答案。任何人的大脑想要理解某个想法,想要从这个想法中找到细红线,都必须先听到并理解这5个元素。

目标、难题、真相、改变、行动。要构建一个人们愿意复述给自己听的故事,让他们借此理解、认可你的想法,并展开相关行动,你就必须凑齐这5个元素。

目标、难题、真相、改变、行动。它们就像是你要找到并交给听众的5把钥匙,好让听众用来开启将你的想法转化为行动的大门。

现在，我有一个天大的好消息要告诉你：对于你所构思出来的想法，无论人们提出什么问题，你都已经有相应的答案了。为什么我这么肯定呢？因为对一个渴望故事的大脑来说，它已经把所有相关的问题都问了一遍，并且找到了相应的答案。你的大脑必须先创造一个故事作为基础，然后才能产生一个想法。

每个想法背后都一定有一个故事，因为想法本身就是故事。这个故事就是细红线。现在，是时候开始构建属于你自己的故事了。

> **穿越迷宫行动清单**
>
> 想要开始寻找你的细红线模型，请检查以下事项：
>
> ☐ 对于"你的想法是什么"这个问题，你是否把答案写了下来，就像你把它大声说出来一样？请把你写的答案放在一边，我们一会儿要用到！

第 2 章

用途、成果与听众

目标： 以改变为目标，构建一个人们愿意复述给自己听的故事，这样你才能将自己的想法转变为行动，甚至借此改变世界。

难题： 每个想法背后都有一个故事，因为想法本身就是故事。但故事和想法之间并不能直接画等号，因为你可以使用不同的方式表述同一个想法。

真相： 情景决定故事。在表述想法时，你具体要说的内容，取决于你说话的对象及目的。

改变： 找到与情景匹配的故事。

行动： 明确想法的用途、成果和目标听众。

同一个想法，无穷的故事

要想促使人们行动起来，你就需要以自己的想法为主题，构建一个人们愿意复述给自己听的故事。你的大脑在产生某个想法之前，都会预先构建一个与之相关的故事。你知道自己的想法背后肯定有一个故事，因为想法本身就是故事。不过，讲述这个故事的方法可不止一种。

你肯定听说过这句话："所有的狗都是动物，但并非所有的动物都是狗。"故事和想法的关系也是如此。你可能只有一个想法，但是却能以此构思出多种故事或多种文本。正如英国著名作家阿加莎·克里斯蒂所写："言辞……只是思想的外衣。"不过，无论你是想把自己的想法变成一种产品、一项服务，还是想把它变成一本图书，你都必须先把想法本身说清楚或写明白。

很遗憾，与你头脑中那个宏伟且绝妙的想法相比，语言显得如此苍白无力。无论一个人如何精心地遣词造句，他都不可能用语言准确概括出自己想法的内容，及其作用和潜力。不过，你完全可以想象出接近完美的表达方式，此时也该是你去撰写文本的时候了。

你的文本就是你为了取得某种成果而需要向听众表述的具体内容。

我经常跟我的客户说：请回想一下你的工作。想象一下，现在你得把当前的工作当成一个想法表述给其他人。想象一下，你现在正在对一位你的同行（听众）诉苦，你希望能够博得他的同情（你期望取得的成果）。在这种情况下，你会如何描述你的工作呢？也许你会用到大量的术语和行话，可能还会谈到一些细节。再想象一下，你正在和一个 6 岁的孩子（听众）聊天，他好奇地询问你是做什么工作的，此时你期望取得的成果是让他能够理解你。在这种情况下，你又会如何描述你的工作呢？我想这一次，你所使用的语言和概念会比之前的简单得多。在前后两种情况下，你向听众表述的文本完全不同，但你的想法（你的工作）本身并没有发生任何的改变。

你的想法就像一个隐形人，而你的文本就像是穿在隐形人身上的衣服。你想给隐形人穿什么衣服，完全取决于你的听众是谁，以及你期望取得什么成果。

这让我想起了一些好消息和一些坏消息。我先说坏消息：你也许只有一个想法，但是你肯定有多个版本的文本。你的文本不可能达到放之四海而皆准的完美状态。所谓"放之四海而皆准"的文本，最终的结果往往是"放之四海而皆不准"。

在表述想法时，只要你期望取得的成果不同，你就得给它披上一件不同的文本外衣，这好比你去健身房锻炼和与三五好友出去玩时要搭配完全不同的穿着。只要面对不同的听众，你就得撰写一份不同的文本。当听众的行动意愿变得更强时，你也得重新准备一份文本，以解答他们心中的新问题。

现在，让我来说说好消息。当你为了取得某种成果或说服某群听众而撰写文本时，你会有两个发现：

☐ 你会发现自己在撰写文本的过程中，一定能为自己的想法找到某种合适的表述方式。细红线模型就是最有可能让你实现预期成果的表述方式。

☐ 你会发现你对自己想法的本质有了更深入的了

解。当你想要改写你的文本,让其服务于另一种目标成果或另一群目标听众时,对想法的深入了解可以让你改写的过程更加轻松。

到现在为止,你可能已经发现,通过明确目标听众、预期成果,你就可以找到自己的细红线。明确目标和听众最简单的方法是什么呢?为你的文本选择一个具体用途,也就是找出文本的使用场景及其使用方式。

> 当音乐改变时,
> 舞蹈也应随之改变。

第一步:明确文本的用途

通常情况下,明确文本的用途非常简单。你只需问自己这样一个问题:"我会在什么情况下谈及我的想法呢?"你可以回顾自己在本书第 1 章中进行"TEDx 测试"时所写下的内容。

优尔舒公司是我的客户之一，它是一家生命科学、生物技术领域的初创企业，总部坐落于美国马萨诸塞州的坎布里奇市。优尔舒公司设计了一种简单易行的测试方法，该方法可以帮助医生了解患者是否正在按医嘱服药。由于这家公司还在起步阶段，因此公司创始人需要到处向别人表述自己的想法，而且这些表述往往与公司生死攸关。他们和潜在的商业伙伴进行沟通，向投资方推介产品。他们组建网站，供感兴趣的潜在投资者通过该网站获得所需信息。在与医生和患者交流之前或之后，他们会向对方提供相关材料。最后，我们决定采用细红线模型来梳理以上内容，并确定了最能达到客户预期目的的用途——将其用作优尔舒公司与潜在合作伙伴进行初次沟通时使用的概述。

对你或你的公司来说，可选的用途有很多。

市场营销材料：

☐ 公司主页内容。
☐ 社交媒体简介。
☐ 白皮书。

- 市场定位描述。
- 市场价格信息。

销售战略对话：

- 初次会面或初次通话。
- 与决策者或技术主管进行的沟通或展示。
- 最后一轮推销。
- 提案执行情况摘要。
- 销售简报。

推销及演示：

- 演示开始时"关于我们"的环节。
- 针对投资人的推销。
- 分组会议。
- Keynote 演示。
- 复合型工作坊。
- 以获得承诺或资源为目标的内部沟通。

资金募集：

- □ 募集资金所需的材料，包括幻灯片。
- □ 相关案例陈述。
- □ 初次沟通。
- □ 问题解答。

图书：

- □ 选题报告。
- □ 封底文案。

简直不胜枚举！不过，你目前只需选择一个用途来进行构思。相信我，如果你是第一次使用细红线模型，那么仅从一个用途着手，会容易很多。只要你为某一个版本的文本列出其中的细红线模型，那么再把同样的思路拓展到其他文本中就得心应手了。

请这么做: ───────────────

进行头脑风暴,列出你细红线模型的所有潜在用途。从中选择一个,以它为对象进行构建细红线模型的练习。

一旦明确了用途,并且知道可以用它来构建一份什么样的材料,你就可以进行下一步了。

第二步:明确文本应取得的效果

让我们总结一下:文本就是你为了取得某种成果而向听众表述的内容。如何让这个定义变得更具体呢?首先,你要明确文本最终要取得什么样的效果。毕竟,检验文本成功与否的唯一方法就是看它是否促成了你预期的行动。接下来,我们就把你期望促成的行动称为"文本的效果"。它是你为自己的文本设计出来的理想结果,它既要是听众想要的,也得是你自己想要的。

在我和优尔舒公司的合作中,该公司为细红线模型选了单一的用途——与潜在合作伙伴进行的初次沟通。我们还明确了文本的效果——对方同意观看优尔舒公司的产品演示，或者试用优尔舒公司的产品。明确了用途与效果后，优尔舒公司知道了文本需要实现什么目标，并有了判断自己的文本是否成功的依据。

请这么做：

你希望你的文本在听众身上取得什么效果呢？将它写出来，如购买商品、开会讨论、表示支持、决定雇用等。

友情提示： 在下一环节中，我们会让你了解如何明确你的听众。我发现相比需要沟通的对象，人们往往更清楚他们需要沟通的事。所以，我通常会建议人们先分析预期效果。不过有时候，先分析听众更简单。无论你是先分析效果，还是先分析听众，都不会影响最终得到的结果，所以你可以放心按照你认为的正确顺序进行分析。如果你愿意，可以直接跳到第三步。

第三步：明确文本的听众

我要告诉你一个窍门：你的听众不应该也不可能是"所有人"。就你的想法以及你为了传播这个想法所撰写的文本而言，你的目标听众应该是符合以下两项描述之一的人：

- 这个人遇到了某个棘手的难题，而你的想法能够帮助他解决，无论他是否意识到这一点。
- 这个人主动问起了某个问题，而你的想法就是他的答案，无论他是否意识到这一点。

我再次强调，你的目标听众不是"所有人"。

我知道你在想什么，你认为自己那绝妙的想法理应被更多的人所了解。要想做到这一点，你可以了解一下美国作家比尔·施莱（Bill Schley）提出的"沟通的全体悖论"。我把这个悖论总结为：聚焦范围越精准，传播范围越广阔。

全体悖论

"等一下,你在说什么?"我能听到你心中的困惑,"如果你聚焦于缩小听众范围,怎么可能影响到更多的人呢?"

这其中的道理很简单:凭借足够的清晰度。如果你能将注意力集中到某个听众群体,甚至某个听众身上时,你就会更清楚自己需要表述什么以及怎么去表述。我们可以做一个类比。你还记得听收音机的时候怎么调台吗?你得不断地扭动收音机上的旋钮,才能调到你想听的广播电台。如果你不记得听收音机时应如何调台,那么你也许可以回忆一下这样的经历:边开车边听你最爱的广播电台,驶出了电台信号所覆盖的范围,随后又逐渐回到信号圈内,这时收音机里会传出白噪声与断断续续的电台声,你感觉自己马上就能成功听到电台了,但最终还是失败了。这种体验会让人很不爽,尤其是当你在进行一些极度微小的调整时,你指尖的一丝移动都可能导致你收听到完全不同的声音——一会儿是沙沙的电波声,一会儿变成无声,一会儿又变成游艇摇滚。

突然,"啪"的一声,你听到了音乐声。这声音洪亮且清晰。

广播电台的信号之所以能传送到很远的地方,是因为这些信号只聚焦于单一波段。当你听到了某个电台的声音,你就知道自己调到了对应的波段。你是通过声音来判断自己是否调到某个电台的。

就像广播电台一样,你不能只关注自己影响的范围有多大,而要关注自己的信号有没有传达给听众。这就是为什么会出现全体悖论——如果你把注意力放在影响范围上,想让你的文本同时影响多个听众群体,换句话说,你想同时占用多个无线电波段,你文本的影响力就分散了。没有人愿意听收音机里传出的沙沙声。他们会像调台一样,把自己的注意力从你的文本上调走,去寻找更有意思的内容。

请记住:你的文本是你精心构思出来的一种表达形式,它永远只服务于单一人群,永远只聚焦于单一效果。

这就是为什么越希望扩大自己的影响力,就越要专注于听众。

专注于你的听众

如何明确听众？最简单的方法是分类。你可以根据他们的身份或特点进行分类。事实上，如果你没有把听众界定为"所有人"，而是将听众限定在了一个更具体的范围，那么你目前很可能就是根据分类来界定听众的。下面是我列出的一些例子：

- ☐ 决策者。
- ☐ 企业主。
- ☐ 投资者。
- ☐ 监护人。
- ☐ 游戏玩家。

就像上面的案例一样，你可以根据相对宽泛的标准进行分类。你也可以在类别前面增加限定词，让分类变得更加精准。比如，你可以把描述相对简单的"销售人员"变成"成功的销售主管"。这样的描述就可以表明,你正在面对的听众管理着其他的销售人员。以我的客户——优尔舒公司为例,他们面对的听众是多种多样的。他们需要投资者为他们投资,需要医疗机构测试和使用他们的产品,还需要医生试用、接纳他们的产品。他们已经把文本的用途选定为"初次沟通",把期望取得的成果明确为让对方"观看产品演示或试用相关产品",所以他们最终选择了"医疗机构中潜在的合作伙伴"作为目标听众。

有时候,你还可以把目标听众描述成某个具体的人。这个人可以是真实存在的人,也可以是虚构的人,只要他能够代表你理想中的听众群体。通常,我的客户会给他们的理想听众起一个名字,比如克里斯。通过观察克里斯会如何回应他们的文本,他们可以更好地预测听众对细红线模型的反应。如果你愿意,叫他们乔丹或戴尤也完全没问题。

如果你的理想听众是一个真实存在的人,那么你必须用他的真名。你所构思出的理想听众,有可能非常接近年轻时苦苦寻找答案的你。在这种情况下,你可以直接用你自己的名字给听众命名，或者在你名字的基础上稍加改变，如"年轻版塔姆森"。如果你的听众是一个虚构的人，那么你得考虑一下，用什么样的名字为他命名才能让你更容易想起他。我有一个客户给她的理想听众起名为"桑德拉"。因为"桑德拉"这个名字可以让她想起她的那群朋友，那群能够从她的想法中获益良多的朋友。

请这么做：———————————————

　　写下你文本的目标听众。请尽可能用简单而具体的文字来描述。不要把听众界定为"所有人"！

　　如果可能，请具体描述出某个或某类人，然后给他（们）起个名字。

> **聚焦范围越精准，
> 传播范围越广阔。**

不得不向听众谈及别的听众时，怎么办

有时候，你在和某位或某群听众沟通时，需要谈及另一位或另一群听众。举个例子，每当优尔舒公司和潜在合作伙伴讨论公司产品时，他们都不得不谈及另一群听众——最终使用他们产品的医生，解释为什么自己的产品可以帮助这群听众；而当优尔舒公司和医生进行沟通时，他们需要解释为什么他们的产品能够帮助另一群听众——这些医生所负责的患者。

我曾经有15年的时间都在与各种非营利组织打交道，既在其中工作过，也曾与之合作过。这些非营利组织往往面临着相似的处境：他们要经常向组织外部的捐助者或组织内部的成员集资或众筹，以获得维系该组织的必要经费，这样他们才能继续帮助那些辛勤的工作者、城中村的孩子，以及各种各样的动物等。同样，你也有可能遇到"双重听众"的处境，比如，你既要和你的领导、其他同事或者团队的某位成员合作，又要在任务正式开始前获得某个关键人物的认可。

为了更好地应对这种状况，你可以把听众分成两类：终极听众和行动听众。终极听众就是最终能从你的想法、产品或服务中获益的人。不过，在服务终极听众之前，你需要先让行动听众做出一些特定的行动。优尔舒公司如果不向医生（终极听众）解释他们如何从其产品中受益，就不可能说服其潜在合作伙伴（行动听众）。而当优尔舒公司开始和医生直接沟通时，医生就变成行动听众，他们的病人则变成终极听众。

因此，当你构思自己的第一条文本时，你设想的听众应该是你的终极听众。

穿越迷宫行动清单

想要完成细红线模型的背景铺垫，请检查以下事项：

- ☐ 你是否为你的细红线模型挑选出了它的第一个用途，并将之写下来？

- [ ] 你是否写下了细红线模型的预期成果?
- [ ] 你是否明确并写下了文本的目标听众——单一人群,且尽可能将他们具体化?

FIND YOUR RED THREAD

第 2 部分

细红线模型的组成元素

第 3 章

目标，你和受众的共赢

目标： 以改变为目标，构建一个人们愿意复述给自己听的故事，这样你才能将自己的想法转变为行动，甚至改变世界。

难题： 要想这个故事发挥作用，它还需要实现受众的目标，而不仅仅是你自己的目标。

真相： 你的想法是你构思出来的答案。当受众对自己的目标产生疑问时，你的想法就是这些疑问的答案。

改变： 找到听众的疑问，并将其与你的答案联系起来。

行动： 撰写细红线模型的目标话术。

什么是目标话术

你文本中的目标话术将清晰地解答受众提出的疑问。目标话术应该可以用以下句型清楚地表述出来:

> 我们都认可,我们想知道……(目标)。

以我服务过的客户为例,目标话术可以以此句型表述:我们都认可,我们想知道……

- □ 如何让患者继续进行关键药物治疗。
- □ 如何才能降低商业决策的风险。
- □ 如何才能更好地完成工作。
- □ 如何在面对舞台下的观众或摄像机时表现得更加自然。
- □ 什么样的激励措施能留住千禧一代[①]的员工。

[①] 通常指20世纪80年代早期至90年代中期出生的人,他们从2000年及之后十年逐步步入成年阶段。——译者注

□ 如何控制恐惧感。
□ 如何激发人们的潜力。

这里，我再补充一个目标话术的案例："我们都认可，我们想知道什么样的信物最能体现我们对彼此的承诺。"虽然这个案例并非来自由我服务过的客户，但它展示了我们的大脑如何通过创造故事进行合理化决策，是我个人最喜欢的案例之一。这个案例还向我们展示了一家公司如何创造出故事，并最终让你自觉自愿地把这个故事复述给自己听。这个案例里的主角，也许此时此刻就在你某位亲朋好友的手指上，甚至在你本人的手指上。

它就是订婚钻戒。

让我们回到 20 世纪 30 年代初，钻石公司戴比尔斯（De Beers）在当时就垄断了全球钻石市场。很遗憾地告诉你，钻石本身并没有太大的内在价值。钻石在市场中的价值，以及我们在零售市场中支付的溢价，有两个来源。第一，作为全球范围的垄断商，戴比尔斯公司可以控制市场中天然钻石的数量。它通过限制钻石的供应，抬高了钻石的价格。在20世纪早期，戴比尔斯公司几乎把钻石的工业需求挖掘到了极限，于是把目光投向了新的成果和用户——通过零售市场出售更多的钻石。

但是在20世纪30年代，钻石在普通老百姓眼中的价值并没有那么高。当时，钻石还没有成为订婚戒指上必不可少的"标配"之石。尽管人们将钻石用于订婚戒指的历史可以追溯到15世纪，但直到20世纪初，钻石通常也只是珠宝商在制作订婚戒指时所采用的诸多钻石中的一种而已。实际上，当时订婚的新人往往压根儿就不准备订婚戒指。在寻找某个信物来代表彼此的承诺时，他们通常会把戒指的环当作爱情的象征，因为环状物具有无始无终、无限循环的寓意。

戴比尔斯公司想知道：如何才能让更多的人把注意力转移到订婚戒指的种类上，如何才能让人们去购买那些以前只有顶级富豪才会去买的东西。后来，该公司在戒指环的基础上，把戒指环上的钻石——钻石也变成一种象征。他们仅凭一句广告语就做到了这点，那就是1947年戴比尔斯公司设计的著名广告语——"钻石恒久远，一颗永流传"。

不过……这一切是如何发生的呢？这就要说到钻石溢价的第二个来源了——关于钻石寓意的故事。凭借这句简单的广告语，戴比尔斯公司把人们心中关于订婚戒指的既有故事——任何完整的环状物都具有"无穷无尽"的寓意，替换成了另一个故事——"象征我们彼此爱情承诺的最好方式就是佩戴一枚钻戒。"

我在本书中会一步步地解析戴比尔斯公司的案例，但请你留意一下钻戒的故事是如何开始的。和所有优秀的故事一样，从戴比尔斯公司了解到用户想要什么的那一刻起，这个故事就开始了。在这个案例中，卖出更多的钻戒是期望取得的成果，而让订婚的新人想要得到代表彼此爱情承诺的最好信物是终极目标。

当你知道某人想要什么时，你就知道你的故事该从哪里开始了。

> 一扇开着的门，
> 足以诱惑一位圣徒。

> **目标话术的标准**
>
> 1. 目标话术需要能表述某个听众想达成的目标、想解决的问题或者想满足的需求。
> 2. 目标话术需要用听众的语言,而不能用你自己的语言来表达。这就意味着,在表达时,你不能使用听众不懂的行话或术语。

如何构建你的目标话术

知道自己期望取得什么成果,就知道了自己的文本需要达到什么效果。但是,如果想构建一个人们愿意复述给自己听的故事,除了要明确成果外,你还要了解你的想法是如何帮助听众实现目标的。事实上,你的故事只有在真正帮到听众之后才算开篇。

你的想法是就听众的疑问给出的答案。所以，你要先明确他们到底有什么疑问。听众的疑问能把你的答案与他们的期望联系起来。下面，我们就利用听众的疑问来撰写一下细红线模型的目标话术。

明确听众的疑问

为了明确听众的疑问，你必须确定听众在现阶段主动且公开地向自己朋友和同事问什么样的问题，这些问题背后有什么样的痛点在推动着他们寻求解决方案。

在构建目标话术时，你所寻找的目标应该符合以下描述：当你询问听众"你愿意承认自己期望得到它吗"时，他们会毫不犹豫地给出肯定的答案。人们期望的事物是不会轻易改变的。因此，你要将自己的文本与听众尝试解答的问题联系在一起，两者联系得越紧密，听众倾听你的意愿就越强。有时，情况甚至可能更好，听众的大脑能意识到一个故事开始了——起点就是设立一个目标。

有时，你构建细红线模型的原因仅仅是听众乃至所有人都在问一个你眼中的"错误"问题。"我知道每个人想要知道的东西是问题 x,"你说道,"但他们真正应该问的问题是问题 y 啊。"也许你会觉得我在说疯话,但你首先要明确的问题恰恰是那个"错误"问题 x。别着急,那个"正确"的问题 y 在细红线模型里也有一席之地。为什么你需要一个"错误"的问题呢?因为这个问题就是你的听众目前想听的东西。他们一直在寻找答案,因此只有它才能引起他们的注意力。

对听众疑问的探究总能使你的目标话术变得更加清晰和简练,并且有助于你用听众的语言将目标话术表述出来。

请这么做:

进行一番头脑风暴,列出听众此时可能会问的所有问题,即使你觉得错误的问题也要列出来。确保你的想法可以回答所有问题。更为关键的是,确保这些问题都是听众愿意大大方方地询问其朋友和同事的。

基于你目前的时间与空间条件，你可以从中挑选出一个自己能回答的问题。

此时，你可能会问："我怎么知道这个问题是不是听众想问的那个问题呢？"这取决于3个因素：一、你对听众的过往了解；二、你对文本表述的时间安排；三、你对风险的承受能力。我的很多客户已经对他们的听众有非常深入的了解，知道自己的听众此时渴望和需要什么。有时候，他们对听众的了解来自他们的个人经验，有时候则归功于较之经验更为正式的调查。如果你目前还不熟悉你的听众，你可以通过多种渠道先了解一下他们：

☐ 如果你有自己的网站，那么查一下人们在搜索你的网站时，使用了哪些关键词。
☐ 在搜索引擎中输入你的主题关键词，看看搜索引擎会为你自动填充出哪些问题或字符串。
☐ 去找一些搜索整合网站，看看人们就某个特定的主题或关键词，经常提出哪些问题。

- 和直接与客户打交道的员工聊天，如客服代表、销售代表等。从这些员工的身上收集人们经常会问他们的问题。
- 参与正式的调查，如焦点小组或相关调查。
- 尝试着回忆一下，在最初构思这个想法时，你都提出了哪些问题。通过回顾你或你的组织当初是从何处开始的，你可以为那些完全不了解你工作内容与成果的人找到一个他们能够理解的逻辑起点。
- 找到你客户和顾客填写的原始问卷或记录，看看当时他们的表述中有哪些疑问。给你一个专业建议：如果你在问卷中没有设计相关的问题，请立即加进去！
- 你也可以直接挑选你想回答的问题。这时，你唯一需要的工具就是你的想象力！

你需要注意什么呢？记住，请不要在这个阶段再去询问你的客户当初为什么选择你。你的客户在与你合作之后，就会受前文提及的"知识的诅咒"影响。如今，你的客户很清楚他们通过你的想法收获了什么成果，但与此同时，他们往往也忘记了自己最初在寻找什么。

如果你对自己选出的问题非常有信心，那么可以直接进入下一章。不过有的时候，明确听众会问出什么样的问题并不是一件易事。如果你也遇到了同样的困惑，请多花些时间站在听众的角度去思考。具体怎么做呢？你可以去探究一下他们期望、看重或烦恼什么。

期望什么，看重什么，烦恼什么

哪怕你能够迅速地找出听众目前疑惑的问题，你也有必要了解一下听众的视角，即他们会用什么样的眼光看待你的文本。当你能够以听众的视角来观察一切时，你就更容易理解为什么他们会对你的文本感兴趣，甚至理解为什么他们会被你说服，并且将你的想法视为他们心中的正确答案。我发现厘清以下3个问题可以帮你更加清晰地明确听众的视角：一、听众期望什么；二、听众看重什么；三、听众烦恼什么。接下来，让我们逐一了解这3件事。

明确听众期望什么，意味着找到听众当前希望取得什么核心成果。对听众的某个特定目标来说，这个核心成果就是他们目标的背景，并且往往能揭示出目标背后的潜在动机。听众期望获得的核心成果有很多，其中比较典型的是改善财务状况、提升工作待遇、提高身心健康水平，以及改善生活。请用积极的词语将听众的期望表述出来，并且你的表述还要符合听众在现实聊天中的表达习惯。请不要去设想听众应该有什么期望，而要去倾听他们实际表达了哪些期望。例如：

- 我们如何才能改善患者的预后？
- 我们如何才能改善盈利状况？
- 我们如何才能保证社区有强大的凝聚力和灵通的信息渠道？
- 我如何才能提高我和我公司的知名度？
- 我们如何才能留住千禧一代的员工？
- 我如何才能成为自己真正想成为的人？
- 我们如何才能提高销售额？

除此之外，你还需要明确某个你与听众都认可的价值观。实际上，拥有共同的价值观是听众愿意接纳你想法与文本的必要条件，哪怕这个价值观并非他们期望的动因。为什么？因为至少从长远来看，人们不会认可与自身底层价值观不合的事物。比如，我的一位客户是顶级的科研设备制造商，他们的听众是希望发表成功研究结果的科学家。这些科学家一定和我的客户一样，都把可信度作为他们的价值观，否则他们肯定不愿意以高昂的费用购买我这位客户的产品；他们完全可以去购买更便宜的设备，不过这样做就很难信任得出的数据和结果了。

听众不一定要表明自己的某种价值观，但当你提及这种价值观时，听众必然会毫不犹豫地认可它。我在这里列出了一些价值观的例子，供你参考：

- 创新、创意、尝试新鲜事物。
- 持续改善、自我提升、好奇心、持续学习。
- 精确度、可信度。
- 经济责任。

- □ 面对面沟通的力量。
- □ 工作与生活的平衡、以人为本的管理方法。

有助于明确听众视角的最后一个问题是听众在烦恼什么，它与前面两个问题息息相关。你可以把它看作推动听众开展行动的痛点。有时它与期望非常类似，但比期望更加明确，比如，"作为某种疾病的患者，我可以通过哪些具体的步骤来提高自己的生活质量？""我可以通过什么手段建立自信，以获得会上的发言权？"有时，当听众内心的期望与价值观发生冲突时，烦恼就产生了。比如，"我们怎样才能在提高生产效率的同时，体现对员工的关怀？"和期望一样，听众的痛点也必须是他们会向别人表达的。下面，我提供一些案例作为补充：

- □ 我们如何才能让患者继续进行关键药物治疗？
- □ 我们如何才能利用大数据来降低决策风险？
- □ 我们如何才能在服务已有核心客户的同时，吸引更多新客户？

- 我如何才能在面对舞台或摄像机时表现得更加自然?
- 什么样的激励措施更有可能提高千禧一代员工的忠诚度?
- 我如何才能克服自己的恐惧感?
- 我如何才能激发他人的潜力?

你可能会好奇,为什么我一直强调在表述听众的期望和痛点时,必须使用听众在现实中和别人聊天时所用的语言。这是因为使用听众的语言会让听众感到你的文本与他们息息相关,而不会让他们觉得你在一味地说教。听众只有认识到这种相关性,才可能去关注你的文本及你本人。让听众付诸行动的第一步就是争取到他们的注意力。

不用担心,我会在后面的章节告诉你,如何才能把听众真正期望与需要的东西给予他们。请你将头脑风暴中构思出的所有内容记录下来,它们将在第 8 章的"升华目标"环节派上用场,帮你拼上细红线模型的最后一块拼图。

只要将以上 3 个问题梳理清楚,你就可以把它们填入下方的括号中,总结出一份听众话术:

> 这条文本是为了有着(期望部分)方面的需要,特别看重(价值部分),但是在为(痛点部分)而烦恼的(某个类别)的人准备的。

当你完成这道填空题之后,就可以获得如下一份话术:"这份信息是为了……准备的。"你的听众可能是:

- 患者,以及希望改善患者的预后,特别看重创新,但是在为如何让患者继续进行关键药物治疗而烦恼的医疗服务提供方。
- 希望改善盈利状况,特别看重精确度与可信度,但是在为如何利用大数据来降低决策风险而烦恼的商业决策者。
- 希望保证社区有强大的凝聚力和灵通的信息渠道,特别看重经济责任,但是在为如何在服务已有核心客户的同时，吸引更多新客户而烦恼的管理团队。

- 希望提升自己作为意见领袖的形象和公司知名度，特别看重面对面沟通的力量，但是在为如何面对舞台或摄影机时表现得更加自然而烦恼的企业家。
- 希望留住千禧一代的员工，特别看重以人为本的管理方法，但是在为寻找提高千禧一代员工忠诚度的激励措施而烦恼的资深公司管理层。
- 希望拥有追求理想自我的自由，特别看重自我提升，但是在为如何克服自身的恐惧而烦恼的目标导向型的领导者。
- 希望提高销售额，特别看重别人的成功，视之为自己成功的通路，但是在为如何激发自己团队成员的潜力而烦恼的现任或未来的销售领导。

一旦你整理好了这 3 个问题，你就可以利用它们帮自己进一步明确听众的疑问。听众内心的期望和痛点将会成为你目标话术的核心。

请这么做：

进行一番头脑风暴，列出听众的期望、价值观和痛点。请记下你在头脑风暴中想到的所有内容，包括现在用不到的内容，因为它们可能会在后续环节中派上用场。

将你的思考结果填入听众话术模板。

根据听众的期望和痛点来撰写你的目标话术。

当你在做期望、价值观、痛点的练习时，你可能会发现这3个元素可以互换位置——听众的痛点可以变成他们的期望，他们的期望也可以变成他们的价值观，诸如此类。为每种元素选择好各自对应的位置，对厘清你的文本思路有着重要作用。但即使你彻底厘清了思路，你可能仍无法确定听众提出的问题中哪个问题才是"正确"的，无法借此取得期望的成果。当出现这种情况时，你需要进一步探索，找出问题背后更具普适性的需求。

马斯洛需要层次理论

当你在写一份目标话术时，如果你希望它能适用于更广的听众范围，那么就需要把注意力放到听众普遍拥有的需求上。尽管美国心理学家亚伯拉罕·马斯洛提出的需要层次理论受到一定争议，但是这个理论至少为我们提供了一个思维框架，让我们得以审视听众潜在的不同需求。

马斯洛的需要层次理论通常以三角形或金字塔形示意图的方式呈现。金字塔最宽阔的底层是基础的、生理性的、维系人们生存的需要，如食物、水、温度及睡眠；往上一层是安全需要，如资源保障、就业保障、健康保障、家庭安全等；再往上一层是关于归属与爱的需要；再往上就是尊重需要，这里的尊重既包括自我尊重，也包括他人对自己的尊重；最后，与目标、成就感、创造力相关的需要都属于自我实现需要,这一层级的需要位于金字塔的最顶层。

当与个人沟通时,你可以直接运用该理论,但当与公司沟通时,你该怎么办呢?我开发了一套企业版的马斯洛需要层次理论(图3-1),你也可以用它来思考如何撰写你的目标话术。

图3-1 企业版需要层次理论

在企业版的需要金字塔中,最底层涉及的问题往往与企业生存的必要条件相关。我把核心产品、资金等方面的问题归入了这一层级,例如:

- 我们如何才能创造更多的收入，因为这是企业生存的必要条件？
- 我们如何才能赢得更多的用户？
- 我们如何才能找到我们的用户？

沿着企业金字塔继续向上，就到了安全需要的层级，这一层级往往与企业内的各种体系和流程有关。在这一层级中，你的听众往往会问："我们如何才能留住客户？"这是一个相对更高层级的问题，因为此时你的听众考虑的已经不是企业能否生存了。他们已经拥有了自己的客户，打下了相对牢靠的基础——他们要做的是留住已有客户。

在体系和流程的相关问题之上，可能就是与企业文化和员工敬业度有关的问题了，这相当于归属与爱的需要层次。再往上一层是荣誉与认可度，这相当于尊重需要。最后就是在市场及产业中的领导力，这相当于自我实现需要。

请这么做：

进行一番头脑风暴，列出一张清单，写出处在金字塔不同层级的听众可能会提出什么样的问题，然后把这些问题转化为对应的目标话术。

然后，从中选出最能满足你自己和听众需要的目标话术。

友情提示：如果你在需要层次理论中选择了位置较高的需要层级，那么你能吸引的听众人数就会相对较少。人们用三角形结构来呈现这个模型是有原因的：金字塔底部需要的受众比顶部需要的受众多。当你还不确定听众需要时，尽可能选择金字塔中相对低层级的需要。

> 当你知道某人想要的是什么时，你就知道你的故事该从哪里开始了。

保留你的成果

你可能已发现，我一直在鼓励你保留自己的思考成果。无论在哪个环节，把你在头脑风暴中想到的内容全部记录下来都是很有帮助的。为什么？让我们回顾本书最开头阿加莎·克里斯蒂的那句话："言辞……只是思想的外衣。"这有点像我小时候玩的纸娃娃，或者我最近在玩的游戏《我的世界》里的角色皮肤。你可以在相同的基础样式以外，为游戏角色添加各种服装或装饰品。

在撰写目标话术的时候，不同的人可能会提出完全不同的疑问，但这些问题的本质是一样的。问题之间的差异可能源于听众的身份、行动意愿、对你答案的认可程度或者接触答案的场景等方面的不同。搜集各种版本的问题，至少可以从以下3个方面对你有所帮助：

- ☐ 可以帮你发现更多潜在的客户，因为你已经用你的想法把能够解答的所有问题都找出来了。
- ☐ 可以帮你影响到更多潜在的客户，因为你可以从不同的切入点对自己的想法进行表述。

☐ 随着人们知识储备及行动意愿的提升，随着人们的需求沿着金字塔不断攀升，你可以逐渐看到不同问题之间的关联性，这有助于你开发出一系列不同的文本。

无论你在头脑风暴中构思出多少种目标话术，请务必从中选出一种作为文本的第一部分，并确保它回答了听众可能在现实中会问到的某个问题。只有达到这个标准，你的文本才会足够清晰，可以为听众所了解。

如果你没什么头绪，那就翻一翻你在"用途、成果与听众"那一章所写的内容。在你通过头脑风暴所得的诸多疑问和目标话术中，你能否从中找到预期成果和目标受众都符合要求的？用你心仪的选项来尝试一下吧！如果没找到也别担心，你随时可以更换你的选项。

开始你的旅程

你的文本是一幅地图，其上标有一条从听众所在通往你想法所在的路线。这幅地图回溯了你构思想法的时候对自己讲的故事。在这个故事中,听众会看到自己使用的语言、内心的期望、认可的信念。你要以你的想法为主题,构建一个听众愿意复述给自己听的故事,而目标话术就是这个故事的开端。你要让听众觉得"既然这个故事能帮我获得期望的东西,那不如就往下听听看吧"。一旦你能够将听众的问题用他们自己的语言表述出来,你就做好了进行下一步的准备——为你的听众创造有利条件,帮助他们迈出走向你答案的第一步。但是,迈出这一步时,你将遭遇一个难题。

> **穿越迷宫行动清单**
>
> ---
>
> 想要找到细红线模型的目标话术,请检查以下事项:
>
> ☐ 你是否已经将听众的问题全部列出来了?
>
> ☐ 你是否已经选出最能满足你和你

听众需求的问题，并且把它改写为一份目标话术？

☐ 如果你没有头绪，请进行一番头脑风暴，找出听众期望什么、看重什么、烦恼什么，并把它们组合成一份目标话术。如果有必要，你还可以使用企业版需要层次理论，测试一下你的想法能否回答不同层级的问题。

第 4 章

难题，巧妙引入新视角

目标： 以改变为目标，构建一个人们愿意复述给自己听的故事，这样你才能将自己的想法转变为行动，甚至改变世界。

难题： 在论证自己的想法时，我们会更关注听众在做什么，而非他们在看什么。

真相： 我们如何看待事物，决定了我们会做出什么样的行为。预测行为的最好方法就是找出我们内心关于自身和世界的信念，因为人的信念是不会轻易改变的。

改变： 从听众的视角出发，找到他们眼中的难题。也就是说，你需要从一个全新而特别的角度去看待世界，并且这个角度需要与听众既有的信念保持一致。

行动： 撰写细红线模型的难题话术。

什么是难题话术

总的来说，你的难题话术解释了听众为什么会在努力实现目标的过程中遇到挫折。难题话术出现在目标话术之后，并可以用以下句型清楚地表述出来：

> 尽管存在很多我们已知的阻碍，但真正的难题在于……（双因素难题）。

下面是我合作过的一些客户的难题话术。请你在阅读的时候留意那些成对出现的词语，它们显示了难题的双因素特性：尽管存在很多我们已知的阻碍，但真正的难题在于……

- 医生做决策时只能依靠患者的回忆，而非相关检测的结果。
- 大数据既扩展了知识的边界，也扩展了未知的边界。
- 内容输出（我们创造了多少内容）和内容曝光（有哪些用户、多少用户看到我们的内容）之间的关系。
- 我们把恐惧视为巨大的单一整体，而非众多个体的集合。
- 更关注工作岗位，而非岗位上的人。
- 我们认为答案在于如何让自己变得无所畏惧，而非如何减轻恐惧感。
- 我们希望在培训下属的过程中，能够自然地产生一些领导者。

为了向你展示如何在目标话术的基础上撰写难题话术，我们再次回顾一下戴比尔斯公司的例子。戴比尔斯公司的目标听众是已经订婚的新人。回到1947年，假设当时的戴比尔斯公司已经写好了他们的目标话术，其中应该涵盖某对订婚新人有可能提出的疑问，比如："什么样的信物最能体现我们对彼此的承诺？"难题话术中需要介绍订婚新人是如何回答这个问题的——戒指的环可以被视为承诺的象征。除此之外，难题话术还需要介绍戴比尔斯公司希望引入的另一个新视角——人们应该去关注戒指的种类。我们把戴比尔斯公司的目标话术和难题话术组合起来之后，就可以得到：

> 我们都认可，我们想知道什么样的信物最能体现对彼此的承诺。尽管存在很多已知的障碍，但真正的难题在于，虽然戒指的环具有象征意义，但是戒指的种类也可以成为一种象征。

难题话术的标准

1. 难题话术表述的应该是某类听众目前还没有意识到的东西。

2. 难题话术表述的应该是听众能够着手解决的事物，如"恐惧"就不是听众能够直接解决的。
3. 难题话术必须包含两个视角，一个是目标听众当前的视角，另一个是你自己的视角。
4. 难题话术的两个因素可以被总结为一对"难点词"，这一对单词或短语可以彼此互补。如果可以的话，你选择的难点词最好能让听众一下就体会到二者之间的关系。
5. 不能直接用难点词作为解决方案，但是你所提议的改变或解决方案必须兼顾到这两个因素。

> 一个巴掌拍不响。
> ———

表述难题时的难题

在打磨目标话术的过程中,你发现自己的想法能够解决听众的哪些疑问。此外,你还挖掘出听众的期望,这种期望在短时间之内是不会改变的。通过明确听众的期望,你为自己的故事拉开了序幕。不过,既然你的听众如此迫切地想得到答案,为什么他们还一直找不到答案呢?你的难题话术将会揭示其背后的原因。

还记得五大核心要素里的第二个要素吗?提出一个对方身在其中却不自知的难题。在各种故事中,这类隐藏在暗处的障碍可以引起冲突与紧张,并驱使故事中的角色开展各种行动。如果你希望自己的文本能激发听众的行动,那么你也需要引入一个他们身在其中却不自知的难题。

通常来说,真正的难题,或者说导致听众无法实现目标的真正障碍,在于听众看待相关情况或看待自身的角度。不解决这种由视角引发的难题,听众就永远不可能看到通往目标的路径。听众看待世界的角度决定了他们会采取什么样的行动。所以，如果你想改变人们的行为，就得改变他们看问题的角度。

听上去很简单吧？其实未必。

我来告诉你为什么：人们看待世界的角度源于他们内心的信念，而信念是很难改变的。事实上，当你去质疑一个人的信念时，对方极有可能更加固执己见，这对你来说不是好消息。那么，我们应如何解决"表述难题时遇到的这个难题"呢？可以引入一种全新而特别的角度（你的视角），这种视角仍然要和听众已有的信念保持一致。戴比尔斯公司当初并没有让人们用项链来代替戒指。他们认可了原有答案——戒指的价值，然后引入了一种改进版答案——戒指的种类。我们提过的难点词，其实就是将"当前视角"与"创新视角"结合的产物。

不过，上述内容只是在告诉你难题话术应该有什么作用。接下来，我就向你展示它的实际作用。

认识"鸭兔"

请看图 4-1，这是一幅绘制于 1892 年的视错觉插画。如果仔细观察，你就会从中看到两种不同的动物。友情提示：答案就在标题里。

图4-1 哪两种动物最相似

你看到了什么动物呢？如果你懂德语，那么答案显而易见，因为插画上的德文翻译过来就是"哪两种动物最相似"，以及"兔子和鸭子"。我喜欢称它为"鸭兔"，我想借这张图片向你解释难题话术的两个组成因素，并帮你理解两者之间的联系。为什么呢？因为这张图揭示了一种被心理学家称为"重构"的现象。让我来解释一下。

根据并不严谨的调查,大部分人看这幅插画时会先看到鸭子,这也就是为什么我叫它"鸭兔"而不是"兔鸭"。为了方便讲解,我用鸭子代表听众的当前视角,用兔子代表你想要引入的创新视角。如果你刚才看画时没有看出兔子,那在我讲下去之前,可以再看一下这幅插画,总能认出兔子(友情提示:鸭子的嘴就是兔子的耳朵)。

无论你先看到的动物是鸭子还是兔子,你看到的都是正确答案。对你和你的听众来说,这幅插画的难点就在于当你们把注意力放在一种动物身上时,就无法看到另一种动物。所谓重构,就是让只能看到鸭子的人也能看到兔子。

这就是难题话术的作用。难题话术既要介绍鸭子,又要介绍兔子。换句话说,它既要介绍当前视角,又要介绍创新视角,并通过这种方式逐渐引导听众以一种新的角度去看待事物。

如何构建你的难题话术

既然现在你已经知道什么是"鸭兔"了,那么构建难题话术的过程就很容易描述了——先找到鸭子,再找到兔子,最后把两者都放进你的难题话术里。有时候,这个过程非常简单,你只需留意自己是如何描述那些真正的难题——那些阻碍听众实现目标的真正原因的。"人们都以为问题是甲,其实真正的问题是乙。""我在想,我们能否把注意力放在这里,而不是那里……"——每一次,当你说出类似这样的话时,你就一定要注意了!无论什么时候,只要建立起一组类似鸭与兔的对比,那就说明你那个热爱故事的大脑可能向你提供了一份难题话术的素材。

然而,很多时候并没有那么顺利。你走在思绪的迷宫中,可能还需要更多的光芒才行。在这种情况下,你需要像忒修斯一样,步步为营。

第一步：找到鸭子——听众看待障碍的当前视角

你之所以可以从"鸭兔"插画中看出一只鸭子，其根本原因在于你大脑对插画中线条的理解方式。这些线条就好比听众在实现目标时遇到的障碍。

如果你能找到人们头脑中已知的障碍，并且从中找到它们的共同点，那么你就可以向你的听众展示他们所了解的障碍仅仅是问题的一部分。

以我的一个客户——一家名为泊珮尔（PROPEL）的领导力和文化咨询机构为例：泊珮尔致力于帮助首席执行官（简称CEO）与高级别的人力资源经理解决员工敬业度和企业文化方面的问题。在我与泊珮尔合作期间，这家机构的创始人杰米·诺特（Jamie Notter）和玛迪·格兰特（Maddie Grant）把听众的难题确定为"我怎样才能让员工有更高的积极性和忠诚度"。当我们开始构思难题话术时，杰米和玛迪罗列了大部分人在实现目标时遇到的障碍——时间、金钱、人选。专业建议：如果你发现自己无法找到人们头脑中的已知障碍，你也可以从时间、金钱、人选这3个角度入手！随后，他们进一步研究了这些内容，分析了这些障碍的共同点。他们注意到，每次谈到时间的时候，他们的客户往往会说："我们的员工如今每周工作时长已经超过50个小时了，他们很不幸福！"金钱方面的障碍则通常表达为："无论我们支付多少薪酬，他们仍然会感到不幸福，而且我们也没有获得期望的结果！"不过，杰米和玛迪的客户最常遇到的障碍并不是前面这两种，而是由人选造成的障碍。比如，他们会听到这样的抱怨："我们根本找不到取悦员工的办法，他们压根儿就不是能够拥有幸福感的人。"

  杰米和玛迪逐渐看到了其中的规律，你发现了吗？在上面的内容中，"幸福"这个词反复出现。杰米和玛迪意识到，在他们客户的眼中，无法提高员工积极性与忠诚度的原因与幸福感有关。在领导层与人力资源高管的眼中，员工的工作动力与投入程度就等同于员工的幸福感。幸福感就是"鸭兔"插画中的那只鸭子！

请这么做: ————————————————

　　找出听众在实现目标时遇到的障碍,并且把它们全部罗列出来。
　　查明这些障碍之间的共同点。
　　用一个概念来概括这些共同点。

　　为了从听众的角度去思考他们面临的障碍,除了从时间、金钱和人选这 3 个方面思考以外,你还可以回想一下:在撰写目标话术时,你都想到了什么样的难题?其中有什么规律?为什么你的听众会把你想到的难题视为一种障碍?他们会用什么样的语言来描述这些障碍?

　　刚开始,这种分类式思考可能会有点困难。不过,请不必担心,你之所以会感觉有些难,是因为你还不太熟悉这种思考方式。这种思考方式并不是反常的。事实上,正如美国心理学家苏珊·魏因申克(Susan Weinschenk)所说,人类天生就喜欢分门别类。我们学习对周遭世界的事物进行分类,就像我们学习母语一样自然。我们在 7 岁时就可以给事物分类了,因为这是我们认识世界的必要手段。

总之，你的最终目的就是帮助听众认识到，阻碍他们实现目标的是他们看待问题的角度。你要帮助听众理解面前的障碍（鸭子），然后再及时地提供看问题的新角度（兔子），让他们通过这个新角度发现通往目标的新路径。

第二步：找到兔子——听众看待现状的全新视角

一旦你找到了"鸭兔"中的鸭子，接下来就该去寻找兔子了。具体来说，你要为你的听众找到看待鸭子——障碍的新角度。就像对那幅"鸭兔"插画一样，你并没有补充什么额外的信息，只是对已知的信息进行了一种全新的解读。

让我们回到泊珮尔公司的例子，杰米和玛迪现在已经知道在他们的难题话术中，鸭子很可能是幸福感，那兔子又是什么呢？让我们回忆一下，杰米和玛迪的听众把提升员工的积极性与忠诚度这个目标等同于提高员工的幸福感。不过，基于调查，杰米和玛迪发现了看待问题的全新角度，这种角度让他们可以看到员工敬业度背后的动力到底是什么。他们的调查发现，员工的幸福感（鸭子）其实是另一件事，即成就感（兔子）的副作用。换句话说，让员工取得成就感才是提高其积极性与忠诚度的关键。至于员工幸福感的提升，充其量只是在取得成就感的过程中搭便车的存在而已。

有了这个发现，杰米和玛迪就可以通过这个全新的视角来重构听众内心已知的障碍了。在时间方面，员工之所以会对自己的工作时长感到沮丧，是因为他们在工作了如此长的时间之后，没有看到任何对个人、对公司而言的实质成效……所以，他们当然会没有幸福感。在薪酬方面，正如老话所说，钱买不来幸福。如果人们在工作中没有体会到远比薪酬更重要的成就感，这种心理上的落差是用多少金钱都无法弥补的。如果你能从这个新的角度去看问题，那么连人选方面的障碍都会变得完全不同了。杰米和玛迪发现，只要有了成就感，就连那些一直感觉不幸福的人也可以对工作更加投入。

我需要强调一下：客户把自己的注意力放在幸福感上，并不算错。幸福感的确是员工敬业度的一个组成部分，就像鸭子是"鸭兔"视错觉插画的一部分。但是，当杰米和玛迪向他们的客户证明了，对于目前所有已知的障碍，从"成就感"这个切入点去解释，同样可以说得通时，他们提出的终极解决方案——帮助员工获得成功，从而提升成就感，在客户眼中自然就成了提高员工敬业度和幸福感的方法。毫无疑问，此举也会让公司获得更大的成功。总的来说，这个发现可以被总结为如下的难题话术：尽管存在很多我们已知的障碍，但真正的难题在于人们把"员工敬业度"与"员工幸福感"看成了可以互相替换的同一概念，其实它们只是彼此关联的两个概念。

请这么做：

　　找到听众看待已知障碍的角度，将听众的当前视角概括为一个概念（鸭子），然后以这个概念为基础进行一番头脑风暴，试着找到一个截然不同的创新视角（兔子），用这个创新视角来表述你的观点。

只要你对当前视角（鸭子）与创新视角（兔子）有了头绪，接下来你就可以把它们结合起来了。

第三步：把双因素难题变成你的难题话术

让难题话术兼顾鸭子和兔子这两大因素至关重要，因为这么做可以产生对比。对比非常重要，因为我们需要依靠对比才能看清事物，这里的"看清"既指视觉层面，也指认知层面。从视觉的角度看，对比可以让我们将物体与物体区分开。设想一下，你现在要穿过一间漆黑的屋子，屋子里所有的家具和设施都是黑的，而且屋里没有任何光线，那你在屋子中的行动该有多么困难啊！光线为我们提供了视觉上的对比，让我们可以看清楚椅子的轮廓是在哪里结束的，桌子的轮廓又是从哪里开始的。如果没有对比，你肯定会撞到东西。

从人类认知和感知的角度看，对比也起到了类似的作用。你也许知道狗是什么动物，但是如果你把狗与猫进行对比，你就会对狗有更深入的了解。事实上，通过对比两者，你对狗与猫都会有更深入的了解。这就是为什么你向听众展现的难题话术必须同时包含两个因素——鸭子和兔子。这么做不但可以帮助听众看到他们与你之间的视角差异,还可以帮助他们加深自己对两种视角的理解。

实际上,如果你能找到一组像"鸭兔"这样的概念,它将可以帮助你更好理解难题!因此,在构建难题话术的第三步,你要做的就是找到两个既可以描述两种不同视角又能彼此兼容的概念。

请这么做:

把你第一步的概念和第二步的概念结合起来,概括成你的难点词(相当于"鸭兔")。所谓难点词,就是一组彼此相关却又存在对比关系的词语或短语。

想要实现这个效果,你可以把这两个概念打磨得入耳。借用诗歌领域的概念,就是使其富有"韵律"。除此之外,我们还可以从诗歌中借鉴很多技巧来达成这点：

- 头韵：重复使用开头发音相似的单词，如 assess（评估）、articulate（清晰表达）、activate（激活）。
- 腹韵：重复使用中间发音相似的单词，如 try（尝试）、find（发现）、fight（打击）。
- 尾韵：如 know（知道）、go（去）、flow（流动）。
- 匹配音节的数量或形式：如 inspiration（灵感）、activation（激活）。

在打磨概念的过程中，我最喜欢的工具之一就是头韵词语生成器。网上有很多类似的生成器。

在韵律上下点儿功夫，可以帮你在一开始就找到合适的难点词。它还可以帮你打开思路，让你接触到你从未考虑过的词与概念。举个例子，在杰米和玛迪的案例中，interchangeable（可互相替换）可以用来描述听众的当前视角，这让我们想到了interrelated（彼此关联），这一表达可以用来总结杰米和玛迪想要表述的创新视角。这两个词的开头发音相似,音节数量也一致。

押韵还有一个好处:由于人类的大脑喜欢韵律所带来的重复和呼应,因此,如果你能想出一对押韵的难点词,那就可以让你和你的听众都更容易记住它们。

请这么做:

利用头韵、腹韵、尾韵及诗歌的形式(韵律)来打磨你的难点词。

撰写一份难题话术,在其中用上你的难点词。

如果你正在为难点词寻找灵感,那么你可以回顾一下本章开头处的一系列难题话术,以及此前戴比尔斯公司的案例。

> 如果你想改变人们的行为,
> 那么你需要改变的是他们看问题的角度。

没有思路怎么办

利用比喻寻找难点词

如果你在构思文本的难点词时陷入瓶颈，希望借助外力激发灵感的话，你也许可以考虑一些常见的"鸭兔"：

- 森林和树木——参考俗语"只见树木，不见森林"。某人是不是因过于关注细节而无法看到整体？或者说因过于关注宏观整体，而无法看到这一切背后的成因？
- 马车和马——参考俗语"把马车放置于马的前面"，即本末倒置。某人是不是找到了正确的元素，却把这些元素的顺序搞反了？
- 右手和左手——参考俗语"右手不知道左手正在做什么"。某人是不是因过于关注天平某一端的元素而致使整体失去了平衡？
- 浅层和深层——某人是不是因仅仅看到了表面

而忽略了更深层的意思,或者反之?

- 中心化和去中心化,部分和整体,中心和辐条,环节和流程,身教和言传,我和你,已知和未知……你明白这个思路了吗?

如果你准备从这些通用的难点词中挑选一组来使用,那么请你先调整难点词的表述方式,以确保你的难点词与你的听众相匹配,可以采用听众熟悉的词,抑或他们自己就会使用的词。在本章的开头,我列举了很多例子。在其中的一个例子里,我的客户对"已知"和"未知"这对难点词进行了调整,得到了"知识的边界"和"未知的边界"。调整之后,我们就把这对难点词拓展成了这样的难题话术:"大数据既扩展了知识的边界,也扩展了未知的边界。"

利用"图书馆法"寻找难点词

我最近发现了一种可以帮你找到难点词的特殊方法——图书馆法。既然你的听众提出了一个疑问,那你可以想象成他们前往了一座图书馆，并且希望在图书馆中找到答案。想象一下，为了寻找答案，你的听众首先会去图书馆的哪个分区，又应该去哪个分区呢？

举个例子，我的一个客户说她的听众试图在"沟通类图书区"寻找关于"危机处理"的答案。但在她看来，真正能让她的听众找到答案的分区是"自然类图书区"。她的客户不应该去寻找各种应对危机的"方案"，而应该构建一个能够提前预防危机的"体系"。

利用变量寻找难点词（数理化风格）

在研究你与听众的视角时，你可以通过探索两者之间的关系来构思难点词。既然这两个视角对你来说都是未知的，那不妨把它们变成一个数学问题——引入 x 和 y 这两个变量进行研究。我们设 x 为听众的当前视角（鸭子），设 y 为你的创新视角（兔子），然后，请你问自己以下问题：

- 人们会把 x 和 y 当作同一变量吗？比如，难点词"戒指环"和"戒指种类"形成了难题话术"虽然戒指的环具有象征意义,但是戒指的种类也可以成为一种象征"。

- 人们是否没意识到其实 y 是随着 x 的变化而变化的呢?又或者恰恰相反?比如,难点词"所做"和"所见"形成了难题话术"我们会更关注听众在做什么,而非他们在看什么"。
- x 是 y 的子集,还是恰恰相反?比如,难点词"单一整体"和"众多个体的集合"形成了难题话术"我们把恐惧视为巨大的单一整体,而非众多个体的集合"。

一旦找到了 x 和 y 之间的关系,你就可以构建自己的难题话术了。

请这么做: ─────────

利用变量 x 和变量 y,找出听众的当前视角(x)与你的创新视角(y)之间的关系。

撰写一份难题话术，使其同时涵盖难点词的两个变量。

为什么恐惧不能成为难题

在本章开头的"难题话术标准"中，我提到过，恐惧不能成为难题。这背后有3个原因。首先，人类无法直接消除恐惧。恐惧是一种感觉，是某种恐怖情景所诱发的结果。虽然恐惧也可以成为某些行为背后的驱动力，但我们人类是没有办法直接消除恐惧的——我们只能直接消除产生恐惧的原因。不要向你的听众展示一个目前无解的难题，也不要向他们表述一个无法实现的改变，因为这对听众实现目标来说毫无帮助！让你的听众"不要恐惧"就是标准的反面案例，因为这就是一种无法实现的改变。除非你能够改变诱发恐惧的环境，否则恐惧就会一直存在。同样，只要听众不改变他们对恐惧的消极反应，恐惧所产生的负面效应就永远不会消失。

我不建议把恐惧视为难题的第二个原因是，恐惧通常不具有未知性。虽然也许真的有人没有意识到恐惧会让他们停滞不前,但是据我观察,即使不愿意承认,或者说不愿意公开承认,大部分人其实知道这一点。请记住,如果某个难题是听众已知的,那么它更适合成为你的目标话术,而非难题话术,比如:"在做出甲这个改变上,我如何才能更加自信?"

最后,请记住,难题必须同时顾及两个因素。如果你能把恐惧也拆分为两部分,那算你厉害。一般情况下,要把恐惧强拆为两部分,要么把问题转换为恐惧产生的原因,要么把问题转换为恐惧导致或阻碍的行为。对一个合格的难题而言,双因素的总和就是难题本身。在不偷换概念的情况下,你是几乎不可能直接将恐惧拆分的。

总结提炼,为其命名

在尝试撰写难题话术时,你最初写的几个版本可能会比较啰唆,但这并不是什么大问题。你要耐心地打磨,直到把难题话术精简得只剩下核心词语。这时,你就知道它已经足够清晰，足以把真正的难题向听众表述清楚。我经常告诉我的客户，他们应该准备至少两个版本的难题话术：

- 精简版难题话术：它仅仅有一组难点词，如"所做"和"所见"。
- 完整版难题话术：它涵盖所有细节，以便让听众充分理解两种不同的视角。

完整版难题话术可以让你详细地表述难题，以便听众理解。精简版难题话术则更便于听众记忆和向他人转述。有时候，在写完难题话术后，我们还可以更进一步——为这个难题起一个名字。雅各布·恩格尔（Jacob Engel）是一名领导力教练、企业家顾问，也是我的客户之一。我们一起共事时，他给自己的难题起了一个非常棒的名字。

雅各布首先确定了他听众的疑问——"我如何才能雇用并留住最优秀的人才？"在他看来，这个疑问背后的难题是"虽然大家在会议上都会发表许多观点，但是到最后通常只会留下一种观点——领导者的观点",而这个难题又可以概括为一组难点词——"许多观点"和"一种观点"。根据雅各布的经验,如果人们感觉自己在工作中的表态没有受到重视,他们往往就会离职。

　　雅各布希望自己的文本能具有一定的差异性,所以我建议他给这种难题命名,以彰显他对这个观点的所有权。当时,雅各布问我有没有看过《英国达人秀》(*Britain's Got Talent*),我说还没。雅各布解释道,最近一季《英国达人秀》的优胜者是一位被称为"失声小伙儿"的喜剧演员。这位参赛者之所以给自己起这个名字,是因为他因生理残疾而无法说话,讲段子全靠文字沟通。雅各布发现失声小伙儿和他尝试命名的难题之间有一个共同点——非领导者的声音渐渐消失了(失声)。因此,雅各布的"失声难题"就这么诞生了。

请这么做:

　　在确定难点词并且写出难题话术之后,你可以尝试一下给你的难题命名。

让你的难题无法被忽视

虽然你经过精心的设计和总结打磨出了难题话术,甚至还给它起了名,但你的文本目前仍然没做好进入实战的准备,甚至远远不足以引出解决方案。如果你真的希望改变人们看问题的角度,并借此改变他们的行为,那么首先要让你提出的难题无法被忽视。要实现这一点,你需要找到难题背后的真相。

> **穿越迷宫行动清单**
>
> 想要找到细红线模型的双因素难题话术,请检查以下事项:
>
> ☐ 你是否表述了听众看待障碍的当前视角,即你是否找到了鸭子?
>
> ☐ 你是否表述了你看待障碍的创新视角,即你是否找到了兔子?

- 你是否通过这两部分内容找到了一组清晰明确的难点词("鸭兔")?
- 你是否把这组难点词改编成了一份双因素难题话术?
- 遇到困难时,你是否利用了押韵、类比、变量的方法来构建你的难题话术?
- 如果给你的难题起一个独特的名字,会对你有所帮助吗?

第 5 章

真相，锁定关键冲突

目标： 以改变为目标，构建一个人们愿意复述给自己听的故事，这样你才能将自己的想法转变为行动，甚至改变世界。

难题： 你无法直接在他人身上创造改变，你能创造的只是促成改变的条件。改变源于抉择，抉择源于冲突。

真相： 当两个真相发生冲突时，幸存的只有一个。当我们渴望或深信不疑的两件事情发生冲突时，我们总是在这两者中选择离目标更近的那个。

改变： 创造一个真相时刻——在听众心中创造一种冲突，让他们不得不有所行动。
行动： 撰写细红线模型的真相话术。

什么是真相话术

真相话术是描述一件能在听众头脑中引发冲突的事情。真相话术出现在难题话术之后，并可以用以下句型清楚地表述出来：

> 不过，我们至少在一件事上可以达成一致，那就是……（真相）。

下面是一些真相话术的案例：不过，我们至少在一件事上可以达成一致，那就是……

- 眼见为实。
- 最大的风险源于未知。

☐ 看到我们内容的读者越多，内容的影响力就越大。
☐ 过往的经历会对我们产生深刻的影响，恐惧会在我们体内留下有形的痕迹。
☐ 人是让岗位发挥作用的核心因素。
☐ 即兴决策早已成为你的日常活动，每天你都要处理一些计划外的事情。
☐ 领导力是后天习得的。

我经常跟我的听众和客户说，在人们熟知的广告语中，戴比尔斯公司的"钻石恒久远，一颗永流传"算是最好的真相话术了。我们中的大部分人对钻石有着如下的认识：第一，钻石的质地非常坚硬；第二，一般情况下，钻石的稳定性极高，很难被摧毁。所以，大部分人认同钻石可以永久保存，或者说接近永久，虽然专业的工程师未必会认同这个说法。

当这种字面上成立的"真相"被置于由目标和难题组成的语境中时，神奇的事情发生了——它会产生额外的象征意义。请读一下我们截至目前为戴比尔斯公司撰写的细红线模型：

> 我们都认可，我们想知道什么样的信物最能体现对彼此的承诺。尽管存在很多已知的障碍，但真正的难题在于，虽然戒指的环具有象征意义，但是戒指的种类也可以成为一种象征。不过，我们至少在一件事上可以达成一致，那就是钻石可以永久保存。

你看出这其中的巧妙之处了吗？当我们讨论戒指与信物时，钻石能够"永久保存"的特质就产生了一种象征意义。这段话并没有否认环本身具有的象征意义，而是在此基础上增加了一个全新的维度，由此在听众的内心制造了一种新的冲突。某件听众一直相信的事情（钻石可以永久保存）突然就让听众对自己的期望（找到最好的信物）产生怀疑。听众之所以会如此，是因为他们此前从未关注过戒指的种类问题。

这样的冲突就创造出了真相时刻。

真相话术的标准

1. 真相话术的内容必须是某种听众容易认可的、显而易见的价值观、信念、事实或发现。
2. 为了达成这样的效果，听众需要独立验证真相话术。听众可以通过自身的经历，或者借助第三方材料，如已公开发布且经过同行评议的研究，来确认你的真相话术是可信的。
3. 真相话术应该存在于听众已有的信念中，或者能够迅速融入其中。
4. 真相话术应该通过一种让听众无法忽视的方式，对问题为何成为问题进行解释。
5. 真相话术必须告诉听众，为什么你提出的改变是唯一行得通的解

> 决方案。
> 6. 真相话术中不能出现各种"规定"或者命令式的语言。它只能对事物进行客观陈述。
> 7. 在理想情况下,真相话术的表述应该中立,使听众可以从积极和消极两个角度进行解读。

> " 你只能倚靠在那些稳固的物体上。"

让人们不得不采取行动

所有优秀的故事都有一个真相时刻。真相时刻有时候被称为故事的高潮,或者被称作故事的不归点。如果你想进一步显示自己的文化底蕴,还可以引用古希腊悲剧的术语,称其为醒悟(anagnorisis)[①]。无论你管它叫什么,真相时刻指的都是主角突然意识到他所处状况的本质的瞬间。因此,主角必须做出决策,决定如何解决当前的难题,是放弃自己最初期望的东西,还是选择改变现状,为得到这样东西而行动起来。主角的选择将决定故事的结局。一般来说,只要主角最终获得了他们想要的东西,那故事就有了一个幸福的结局。但是如果主角未能如愿的话……

我要告诉你一条好消息:在你所构建的文本中,不会导致悲剧性的结局。因为你正在构建的这条文本将告诉人们,你对他们心中的疑惑已有答案。

你将教他们如何才能得到期望的东西,通常还会教他们如何得到更多。

在构建目标话术的环节中,你明确了听众期望得到的东西是什么。在构建难题话术的环节中,你明确了阻挡听众实现自身目标的难题是什么。虽然我特别希望自

[①] anagnorisis 这个词来自亚里士多德,意思为角色突然认识到了某人的真实身份或自身处境。——译者注

己能告诉你，仅仅把问题说清楚就足以促成你期望的改变，但天下是没有这种好事的。可能你曾无数次明知自己有很多"正确"的事情需要去做，却迟迟没有做成或一直在拖延。

为什么会这样呢？我曾在慧俪轻体公司（Weight Watchers）兼职做过13年的减肥互助小组负责人。这段经历教会了我一件事：你无法直接创造改变，你能创造的只是促成改变的条件。

的确，你可以通过鼓励让他人行动起来。在某些情况下，你甚至可以强迫他人行动起来。人的行动具有偶然性，其驱动力往往源于外部。和让人们行动起来相比，让人们发生改变则是另一码事。虽然改变也包括行动，但改变对应的是具有持续性的行动，而且它的驱动力源于内部——由当事人自发产生。想要让他人发生改变，你必须把各个相关变量调整到促成改变的最佳值。

那该怎么做呢？你需要制造某种内在的冲突。在这个冲突的两端，一边是听众期望的事物——他们的目标，另一边则是他们充分确信的事物——这个事物既可以是关于他们自己的，也可以是关于他们周遭环境的。

这种冲突几乎总能让人们在面对自己此前的行为时陷入一种矛盾的境地。1947年，当人们第一次听到"钻石恒久远，一颗永流传"这句广告语时，他们的内心就处于这种状态。人们再也不能无视这样一个事实：当给一枚戒指镶嵌上"永久保存"的钻石之后，它显然要比没有镶嵌钻石的戒指更适合作为信物。如果人们相信他们的承诺是永恒的，那么他们就不会选择紫水晶戒指了。

这种内在冲突有一个专门的名字——认知失调（cognitive dissonance）。这个术语指的是我们相信的两个或两个以上的事物之间发生冲突后的结果。但正如我之前所说，当两个真相发生冲突时，幸存的只有一个。我们的大脑从来不会允许这样的冲突持续存在。此时，为了缓解内心的冲突感，我们就会做出改变。

冲突创造选择。

选择创造行动。

而这正是你的真相话术所要达到的效果——精心策划一个可以在听众心中引起冲突的真相时刻。这种内在冲突能够利用相对稳定的"听众期望的事物"和"听众相信的事物"，影响听众能够立刻改变的一个东西——

他们看待问题的角度。如果你为听众改变自己的视角创造有利条件,就相当于为他们改变自己的行为创造了有利条件。

如何构建你的真相话术

从"为什么"开始

人们把真相时刻称为故事的中点是有原因的:它是难题与改变中间的一个支点。因此,真相时刻必须解释清楚,听众所面临的难题为什么会成为难题,尤其是听众为什么需要以一个全新的角度来看待问题。构建真相话术时,从问"为什么"开始是个不错的选择。

请这么做:

问一问自己:"难题为什么会成为难题?"或者更进一步,问一问自己:"为什么转换视角如此重要?"按照惯例,你得把你通过头脑风暴想出的所有点子都记下来，以后你会用得到！

参考本章开头的标准，撰写一份真相话术。

如果你在第一次尝试撰写真相话术时就能写出符合前文所列标准的内容，那么恭喜你！我敢肯定你绝对天赋异禀！在细红线模型中，真相话术几乎永远是最难说清楚的一部分。因为真相话术的内容通常是与个人自我认知有着密切关系的某种信念、准则或假设，它们对你来说可能非常显而易见，所以在构思文本内容时你从未想过言明。

要判断你是否找到了正确的难点词，最好用的验证方法之一就是检查你的真相话术能否很快地解释清楚你找到的难点词，而且这个过程是否通常在无意识状态下就能自动完成。例如，我曾经和咨询顾问兼演讲者特蕾西·蒂姆合作，和她一起梳理出她的难题和难点词——"管理者更关注岗位本身，而非岗位上的人。"她说完这句话之后，立刻补充道："这太不可思议了，因为人才是让岗位发挥作用的核心因素啊！"瞧瞧！一针见血！

你最初写的几版答案很可能都无法达到真相话术的

标准。此外，我发现很多人会在这个环节直接跳过撰写真相话术，转而去表述他们解决问题的方案，或者开始罗列改变的种种好处。在真相话术这个环节中，你真正需要做的就是鞭策自己不断思考，直到你想出某个人们无法反驳，至少无法轻易反驳的内容。具体该怎么做呢？我总结了一些我的客户亲测有效的方法，这些方法很可能对你也会有所帮助。

五问法

你也许以前就听说过"五问法"（Five Whys），该方法源于丰田佐吉，是其创立的丰田汽车公司为改进流水线生产流程而采取的诸多措施之一。正如这次技术革新中的某位关键人物所说，如果你连续追问5次为什么，那么"问题的本质及解决问题的方法就会逐渐显现"。这个练习属于典型的知易行难。最开始你只需要问自己："这个难题到底棘手在哪儿？"接着再问自己一个问题，这次提问的内容必须是上一次的答案，以此方式不断循环，直到完成5次提问。

请这么做：————————————

问一问自己："这个难题棘手在哪儿？"

将答案记录下来，例如："这个难题棘手之处在于它会导致 y 效应。"然后针对这个答案再次追问为什么，例如："为什么 x 会导致 y 效应呢？"

重复这样的追问，用你上一次追问的答案作为你下一次追问的问题，连续追问 4 次，直到你找到问题的根本原因。这个根本原因就是一份达标的真相话术。

我的客户优尔舒公司希望构建一套细红线模型，以提升他们在初次拜访（用途）医疗服务提供方（听众）时的沟通效果。他们期望取得的成果是，对方同意试用优尔舒公司的尿样检测试剂盒。为了做到这一点，我们必须找到一个与患者、医生的共同信念直接相关的真相；这个信念就是按照医嘱患者应服用某种治疗效果无法被感知的药物，但患者有可能未遵从医嘱服用。这个真相也需要与医疗服务提供方所面临的难题直接相关；

这个难题就是医生在判断患者是否遵医嘱服用该药物时，只能依靠患者的回忆，而非相关检测的结果。我们早已知道优尔舒公司会如何建议他们解决这个棘手的难题——使用优尔舒公司的尿样检测试剂盒。

请记住，真相首先要解释这个难题到底棘手在哪儿，其次要解释为什么某个解决方案是正确的。所以，当时我们完成五问法的分析之后，再次进行了追问："为什么尿检更好呢？"因为这种方法可以及时获得检测结果。为什么这样更好呢？因为它缩小了患者回忆与检测结果之间的时间差。为什么这样更好呢？因为这样的检测可以让医生和患者同时知道药物治疗是否在正常进行——这些检测可以把人们无法感知的治疗效果转化为可见的检测结果。为什么这样更好呢？因为老话说"眼见为实"。终于，我们找到了我们想要的东西，找到了一个让人们无法对难题置之不理的真相。

请注意，五问法的追问次数并非固定不变。只不过是丰田汽车公司的员工在使用这个方法时，他们追问的平均次数为4次。当你在使用这个方法时，追问出根本原因所需的次数可能会更少，特别是当你和行业内的专家一起追问时。当然，有时候你的追问次数也可能会更多。无论追问次数是多少，该方法的关键在于你追问到的答案是不是你想要的，是不是符合以下标准：第一，你的听众能够欣然接受这个结果；第二，这个结果可以将你的想法与你的难题紧密联系在一起。

文本算术法

下面，我再介绍一种可以帮助你构思真相话术的方法，那就是逆向拆解你目前已经构建好的细红线模型。你目前已经找到的元素有：你的想法、你的目标，以及你的难点词。如果再加上一个真相元素，那么就可以推导出这样一个"数学公式"：

> 目标 + 难题 + 真相 = 想法（你期望的改变）

和故事一样，你的想法是基于目前发生的所有事情而推导出的一个符合逻辑的结果。它是你构思出的所有元素之总和，也是我在下一章将谈到的改变。如果你在

构思真相话术时遇到了困难,那么不妨把真相话术设为一个未知变量 x,然后利用上述公式把它解出来:

> 目标 + 难题 + x = 想法(你期望的改变)

换句话说,如果你已经知道自己想要创造什么样的改变,而你的目标和难题也是已知的,那么在剩下的真相部分中,你必须表述的内容有哪些呢?一旦你想清楚了真相部分中要涵盖的内容,话术撰写就是小菜一碟了。

请这么做:

像解未知数一样来找寻你所需的真相。问一问你自己:"在已知目标和难题的基础上,在真相部分还必须加上什么才能推导出一个合理的结论呢?"

❝ 选择创造改变。❞

利用科学

真相既要让听众能够欣然接受，又要与世界或听众自己有关。有什么东西符合这两个标准呢？对大多数听众来说，科学就很符合这两个标准。如果某人认可一个被大众普遍接受的科学原理（比如，在没有外力作用下，运动的物体会保持运动，静止的物体则会保持静止；每一个动作中都存在作用力和反作用力），那么他大概也会认可你在细红线模型中使用这个科学原理来进行类比。这也是我认为戴比尔斯公司的广告语"钻石恒久远，一颗永流传"能够产生如此深远影响的原因之一。在大部分情况下，这句话的字面意义是成立的。当戴比尔斯公司用钻石的内在属性与爱情的永恒做类比时，人们就会把自己对科学原理的认可"投射"到感性的修辞之上。

你可以直接引用科学原理，也可以用你的语言来表述它，比如，活跃的思维会保持活跃，静止的思维则保持静止。不过，你一定要确保你表述的"新版科学原理"依然能够得到听众的认可！

请这么做：

　　进行一番头脑风暴，列出所有与你的真相有着相同核心理念并且已经被大众广泛接受的原理，这些原理既可以来自科学领域，也可以来自自然世界。

　　利用这些原理打造你的真相话术。你可以直接引用这些原理，也可以对它们进行适当的调整。

公理、成语、名言和谚语

　　科学原理一般需要经过严谨实验验证，而其他领域的原理往往是人们以其自身经历验证的。每一种文化中都有许多能被广泛接受的社会公理。你经常能在人们口头常说的习语中找到这些社会公理。对真相话术来说，这些社会公理组成了一个巨大的素材库。为什么？因为人们倾向于认同这些广为流传的习语，并将它们视为自己人生观或者世界观的一部分。这些习语描述了人物、事物或某种特定情境的本质。也正因如此，你在使用这些习语时一般不会遇到什么反对意见。

那我们该去哪里搜集这类习语呢？我通常会建议我的客户从他们个人或公司的行事准则入手。人们常说的习语大多出自他们看待这个世界的基本假设。换句话说，这些习语就是他们个人的真相话术。举个例子，我的想法就受到了很多谚语的影响：

- 小洞不补，大洞吃苦。
- 对雌鹅有益的东西，对雄鹅同样有益。
- 奔跑者的终点不在于终点线，而在于内心。

这些年来，我也总结了一些自己原创的谚语式句子：

- 痛苦是持续改变的敌人。
- 你看待问题的角度决定了你的行为。
- 最大的飞跃起步于最坚实的地面。

和使用科学原理的方法一样，你既可以直接引用这些谚语式句子，也可以用你自己的语言来表述它们。

请这么做：

进行一番头脑风暴，收集各种与你的真相有着相同核心理念的名言、谚语或者其他广为大众接受的社会公理。

从中挑选并引用一则习语，你也可以根据需要对其进行适当的调整，然后创造出你的真相话术。

已公布的研究结论

也许你曾经为了证明某个全新的事物而进行过专门的研究；也许你已经开发出一套独家的方法，让曾经不可能的事情变为可能的事情；也许你的研究证实了一些此前人们未知的东西是真实存在的。

举个例子，我曾经与TEDx剑桥演讲者德拉吉·罗伊（Dheeraj Roy）合作，共同找出了他的真相话术——

"对于患有早期阿尔茨海默病的小鼠,强化它们大脑的记忆检索系统是可能的"。这个发现可以让我们对这个世界及其背后的运行规律有全新的认识。想象一下,你是一位正在研究阿尔茨海默病治疗方法的科研人员。如果你在此之前一直关注的是阿尔茨海默病患者的记忆是否仍然存在,却从未考虑过如何才能找回患者的记忆,那么这个全新的发现必定能够引起你的注意。

我需要提醒你一下,对于大多数专业研究者和学术研究者,把真相话术视为"真理"是他们完全不能接受的。总的来说,科学界不认可这种"放之四海而皆准"的真理。如果你也有类似的心态,那么以下解释可能会让你更容易记忆:"真相话术"以其可以创造出"真相时刻"而得名。为了便于理解,我把"能创造出真相时刻的话术"缩写为"真相话术"。对于那些处于科学领域或学术领域的客户,我也会建议他们把这种真相话术理解为一种能够让别人认可的见解。

就大部分经过同行评议且公开发表的研究而言,其结论都可以成为相对可靠的真相话术,尽管能符合这些条件的研究并不多。除了学者、科学家、研究人员,以及在规模与资金上都足以自己拥有研发团队的成熟组织，大部分人根本不会去做这类研究。尽管如此，经过同行评议与公开发布这两条标准都非常重要，因为你所表述的真相，需要让听众在你缺席的情况下依然可以自行验证其真实性。一项研究如果已经公开发表了，就意味着有人已经对该研究的内容进行过审核，并对其表示了认可。

请这么做：

如果你或你的组织曾就某个主题进行过相关研究，那么请你搜索那些你们已经公开发表的研究，并在其中寻找潜在的真相话术。

不要将改变提前

在寻找真相话术的过程中，人们可能会犯一种最常见却也情有可原的错误——把他们的解决方案或他们希望创造的改变强行放到真相话术中：

> 尽管存在很多我们已知的障碍，但真正的难题在于我们更关注甲，而不是乙（双因素问题）。不过，我们至少在一件事上可以达成一致，那就是如果我们把注意力放在乙上，那么问题就能迎刃而解（错误的真相）。

这样是不行的，千万别这么做！不要把你的"想法"当成你的"真相"！

人们都需要一个理由。当你向听众表述一个难题时，他们确实希望知道难题的答案是什么。但是在接受你的答案前，听众需要先认可一件事，那就是当前的难题是不是一个他们必须采取行动应对的难题。这一步是你不能够跳过的。

在这个问题上，一个经典的类比可以帮我解释背后的道理。假设你要去医院做一次体检。你到了医院之后，见到了我——负责诊治你的新医生。现在请你想象一下，这是你和我之间第一次见面，而我在还未对你做任何检查的情况下，问你："你准备好预约手术的时间了吗？"你的答案肯定是："我还没有准备好……"为什么你会这么回答呢？因为我直接把最后的解决方案抛给你了。在你认可这个方案并且准备采取行动之前，你需要先了解为什么你必须做手术。但是，即使我抛给你的难题是"你后背有一处斑块，你准备好做手术了吗"，也是不足以让你认同的。

你听到的内容需要与所面临的难题直接相关，并且能够让你立刻理解为什么自己需要动手术。假设我真的是一名医学专家，我也许能够通过观察来判断出你后背的斑块是不是那种需要通过手术来处理的。但是作为患者的你根本不了解这么多专业知识，甚至都看不到自己后背上斑块是什么样的，所以你目前既不了解状况，也不相信状况如此。你期望听到的内容是："这个斑块看上去有可能需要手术，所以你愿不愿意做一个检查，看看是不是非做手术不可。"

这样一来，你至少会知道我为什么认为这个难题十分棘手。但是，请注意，此时的你可能仍然不愿意做手术。不过，你可能愿意去做一个检查，根据检查的结果再决定是否有做手术的必要。

解决冲突

只要你找到了细红线模型中的真相话术,你就找到了一条从听众的疑问通向你的答案的路径。真相时刻使得听众不得不从下列选项中做出自己的选择:

- ☐ 我应该放弃自己期望的东西吗(目标)?
- ☐ 我应该放弃自己寻找答案的方式吗(难题)?
- ☐ 我应该放弃对自己及世界的认知吗(真相)?

上述几个问题揭示了听众期望解决也需要解决的一个内在冲突。这个环节是通往你想法的一个关键时刻。你希望听众能够忍耐这种不适感,继续前进。你不希望听众临阵脱逃,回到以前的想法和行为。

这就是为什么下一步你需要为听众提供一种可以让他们恢复稳定的力量。你需要为听众提供一个可以帮他们实现目标的选项,而这个选项也会为你的论证画上一个句号。在下一个环节中,你要向人们呈现他们需要做出的改变。无论他们有没有意识到改变的必要性,你都要给出他们下一步行动的线索。不过你目前要做的是把你的答案,即你的想法,打磨得更加清晰一些。

穿越迷宫行动清单

想要找到细红线模型的真相话术,请检查以下事项:

- ☐ 你是否找到了一个核心理念,它既可以解释难题的棘手之处,又可以解释为什么你提出的想法和解决方案能够将其解决?
- ☐ 你是否用类似谚语的话术,把这个核心理念讲了出来?
- ☐ 如果你遇到了困难,你是否尝试使用过五问法、文本算术法,你是否尝试寻找过古老谚语、科学原理抑或你自己参与并已发表的研究?

第 6 章

改变，让听众拥有自主权

目标： 以改变为目标，构建一个人们愿意复述给自己听的故事，这样你才能将自己的想法转变为行动，甚至改变世界。

难题： 听众在追寻目标时会遇到各种难题，如果你希望听众能够真正把你的故事内化为他们自己的故事，那么不但要为他们提供难题的答案，还要让他们拥有选择答案的自主权。

真相： 虽然这听上去有些违背常识，但是提供的选项越少，促成的行为就越多。

改变： 向你的听众提供改变选项。选项必须内容简洁，有且只有一个，并且不会与他们的期望和信念发生冲突。

行动： 撰写细红线模型的改变话术。

什么是改变话术

简单来说，改变话术就是你的想法，即你就听众的疑惑（如何达成目标）所给出的答案。改变话术是你希望听众在思维或行为层面产生的核心转变。你的改变话术应该可以用以下句型清楚地表述出来：

> 正因如此，为了达成目标，我们需要……
> （转变）

下面是一些改变话术的经典案例：正因如此，为了达成目标，我们需要……

- 即时把隐性疗效显性化——我们需要把人们无法感知的治疗效果转化为可见的检测结果。

- 整合大数据与厚数据——大数据识别不出的内容有很多,厚数据就是从这些被遗漏的内容中提炼出来的信息与洞见。
- 采纳这个项目,以便提高我们内容的浏览量,同时通过它所创造的收益增强我们的内容输出能力。
- 消除过往经历所产生的印记,它们当下仍然以恐惧的形式存在于我们体内。
- 根据岗位上员工的不同情况,为他们提供个性化的激励措施。
- 每天都刻意去做一些令自己恐惧的事情。
- 发展多层级领导力——在各个工作层级培养相应的领导力。

在钻戒的案例中,人们已经有一个愿意复述给自己听的订婚戒指故事,而戴比尔斯公司的广告语"钻石恒久远,一颗永流传"让这个故事发生了一点改变——让人们不仅将订婚戒指的环视为爱情的信物,还把戒指上的钻石也视为信物。这一改变化解了"钻石恒久远"这

个真相所带来的内在冲突。其具体表述如下:

> 我们都认可,我们想知道什么样的信物最能体现我们对彼此的承诺。尽管存在很多我们已知的障碍,但真正的难题在于,虽然戒指的环具有象征意义,但是戒指的种类也可以成为一种象征。不过,我们至少在一件事上可以达成一致,那就是钻石可以永久保存。正因如此,为了达成目标,我们需要把订婚戒指上的钻石也视为爱情的信物,而不只是把注意力放在环上。

"把订婚戒指上的钻石也视为爱情的信物"这一改变让订婚新人同时达成了 3 个效果:第一,他们找到了最好的爱情信物;第二,他们用戒指把这个信物对外展示了出来;第三,无论是从物理属性出发,还是从象征意义出发,他们都可以继续相信"钻石恒久远"这句话。事实上,改变达成的 3 个效果将订婚新人内心原有的故事变得更加美好——"我们对彼此的承诺如今变得格外长久了，因为我们的戒指上不但有环，还有一颗钻石呢！"

请注意，戴比尔斯公司从未直白地说出"把订婚戒指上的钻石也视为爱情的信物"这样的话，只利用"钻石恒久远，一颗永流传"作为广告语就已经足够，因为听众热爱故事的大脑会自动把余下的部分补充完整。然而，当你想让他人按照自己的想法行动时，你肯定不愿意把成功的希望交给运气。

把事讲得简单点，别显摆

改变是一件很有意思的事。正如你已经知道，你无法直接创造改变，你能创造的只是促成改变的条件。这正是你的真相话术所起的作用——你为你的听众创造了一个亟待解决的冲突。所以，接下来你要做的就是提醒人们去做出改变。你需要做的就是告诉你的听众他们需要做出哪些改变，然后他们就会自行展开行动。

也许听众真的会自发地做出改变，尤其是你还给了他们不改变的选项时。

改变话术的标准

1. 改变话术可不仅仅是简单地对难题加以解决,它是对目前你介绍的所有内容的一个总结。
2. 正因如此,改变话术中的逻辑、概念及表述方式必须来自前3种话术。
3. 改变话术需要化解两个难点词之间的矛盾。
4. 改变话术只包含认知层面或行为层面的改变。
5. 下一个环节的行动话术必须建立在你的改变话术之上。
6. 基于你听众的现状,你的改变话术必须指向一个可实现的转变。

是的，你没看错。在听众做选择的时候，如果你能够提供一个"不改变"选项，允许他们不按你的要求去做，那么他们最后很有可能会按照你期望的方向去做出改变。这听上去也许有点反常，但这正是人类大脑的运作方式。

促成改变的一大重要条件就是人们对自己，以及对自己的生活、决策所拥有的掌控感。

这种感觉就是心理学家所说的"自主性"。当我们遇到涉及行动或改变的问题时，自主性最为重要。如果人们感觉他们没有自主选择的机会，而被强制去做某件事，他们的本能反应就是拒绝。想想你小的时候，当你的父母或其他监护人要求你去做某件事时，你可能有过类似的感受。哪怕你原本就想做这件事，但只要你意识到自己要按他人的指令去行动，你就会产生拒绝的欲望。而且，这种本能并不会随着我们的成长而改变。

当别人要求我们去做某件事时，我们会本能地想要拒绝——这种倾向意味着你在构建细红线模型时需要十分注意，千万不要触发它。这就是为什么你在文本的最开始要表述听众已有的期望，为什么你要以听众当前的视角来构建难题，为什么你要找到一个可以让听众独立验证的真相。现在，我们对上述你已完成的内容进行一个总结：如果你要表述你希望产生的改变，那么你必须避开人们这种拒绝的本能。为了达到这一目的，你必须给你的听众提供一个自主选择的机会。

但是，你提供的选项不能太多！因为大脑还具有另一个有意思的特性：面对的选项越多，大脑就越有可能什么都不选。为什么呢？因为大脑中一旦充斥着"这也不行，那也不行"的想法，人们很可能就会继续去做那些让他们感到自己很聪明、很能干、很优秀的事。换句话说，人们会固守自己目前的行为模式，哪怕这种模式已经不起作用。

我知道，现在这件事仿佛进入了一个僵局：你不能剥夺对方做选择的机会，否则你就扼杀了对方的自主性，进而触发他们拒绝的本能；而如果你为对方提供了太多的选择，他们就会选择继续维持现状。

那你该怎么做呢？在让听众做选择时，你应该为他们提供这样的改变：内容简洁、形式单一、不会与他们的期望和信念发生冲突。优尔舒公司构思出自己的改变话术——把无法感知的治疗效果转化为肉眼可见的检测结果。这个改变话术可以作为对此前所有论证的一个合乎逻辑的总结。如果医生希望患者能继续这种无法直接感知到疗效的药物治疗，承认那些结果滞后的检测不够理想，而且相信"眼见为实"这个道理，那么对这些医生来说，无论是通过感性判断还是理性分析，让检测结果变得肉眼可见且即时可取似乎都是一个非常正确的选择。所以优尔舒提供的方法不但合乎逻辑，而且与医生的期望和信念相符。

因为细红线模型是为了让听众接受你的想法而进行的论证，所以你的想法就应该是你建议听众做出的改变，而这个改变就是你对听众的问题（目标）所给出的答案。在你进行论证时，由于整体内容都建立在听众已经认可的事物之上，所以听众十有八九会认可你提出的改变。

但是，请你务必保持简单！如果你的听众提出了一个重量级的问题，那就意味着他们想要的是一个重量级的答案，而不是5个。有时候，你在实现改变的过程中会提及多种产品，或者你所提出的模型可以拆分为多个步骤。即使如此，你也需要先让人们认可你想法背后的核心思想。通过表述你的核心思想，你就为听众提供了两样东西：一是他们一直在寻找的答案，二是允许他们提出异议的自主权。

是的，听众的确有可能对你提出的改变持否定意见。既然你已经决定让听众自主选择了，那么你也必须尊重和认可他们拥有的自主权。不过，摆在听众面前的其他选项要么忽视了他们眼前的证据，要么打压了他们内心的期望，要么抨击了他们笃信的事物，这么看来，他们很可能选择你提出的改变。

> 促成改变的一大重要条件，就是人们对自己，以及对自己的生活、决策所拥有的掌控感。

如何撰写你的改变话术

从很多方面来说，改变话术都是细红线模型中最容易撰写的。毕竟，它就是你心中的那个想法，或者至少是你想法的某个方面。即使如此，有时候我的客户依然会在这个环节遇到困难,因为他们迫切地想把听众在实现目标的过程中需要做的所有事都介绍个遍。不过,我打心眼儿里觉得,虽然偶尔会有不顺利,但撰写改变话术的步骤确实是非常简单的。

请这么做: ────────────

找到一种能够帮助听众达成目标的改变,它必须内容简洁、形式单一。这种改变既可以是认知层面的,也可以是行为层面的。请注意:此前你在回答"你的想法是什么"这个问题时,可能已经把相关内容写出来了。所以,请回顾一下你在第 1 章写下的笔记,看一下你当时的回答。

找到这种改变之后,你可以确认一下它是否适合成为你细红线模型的一部分(答案很可能是肯定的)。如果是,那么你需要问一下自己:"我该如何打磨改变话术,让它和已经撰写好的目标、难题、真相话术更加匹配呢?"

然后，请把你的最终答案改编为一份改变话术，让它能够达到本章开头的标准。

化解矛盾关系

有一种能帮你找到改变话术的好方法，那就是化解难点词之间的矛盾。以我的客户特蕾西·蒂姆为例，在她的细红线模型中，难点词是"管理者更关注岗位本身，而非岗位上的人"。由于她找到的真相是"人是让岗位发挥作用的核心因素"，因此她通过以下的改变话术化解了"岗位"和"人"这两个难点词之间的紧张关系——根据岗位上员工的不同情况，为他们提供个性化的激励措施，为不同职能或岗位层级的人提供不同的选项。

特蕾西·蒂姆并没有说："不要再关注岗位了，而要多关注岗位上的人。"这种表述只是在难题话术中加了个否定词而已，在细红线模型里绝对不可以。从两个难点词的角度去看，特蕾西·蒂姆找到的改变话术都是可接受的方案。事已至此，特蕾西面对的难题已经有了解决方案，听众也找到了达成自己目标的明确路径，并且对于听众已经相信的真相（人是让岗位发挥作用的关键因素），特蕾西提出的解决方案也与之契合。

请这么做：————————————————

回顾你的双因素难题话术，问一问自己："什么样的改变才能兼顾两种不同的视角？"

将你的答案改编为一份改变话术，让它能够达到本章开头的标准。

冲向行动环节

如果以上所有的方法都不能帮你找到改变话术，请将本书翻到下一章的行动环节。有时候，知道自己希望听众采取哪些行动后，再回头去撰写改变话术更容易。为什么会这样呢？让我们回到上一章的文本算术法：

> 目标＋难题＋真相＝想法（你期望的改变）

现在我们又加了一个元素：

> 目标＋难题＋真相＝想法（你期望的改变）
> ＝行动

正如你的目标、难题和真相加在一起构成了你期望的改变，你期望的改变就等于你期望听众采取的行动。换句话说，如果人们按照你的期望把所有的行动都执行到位，那么从理论上来说，他们就应该完成了改变。举个例子，我的客户安德烈娅·弗里雷亚尔（Andrea Fryrear）是阿吉尔谢尔帕斯公司（AgileSherpas）的首席执行官，她开发出一套经过验证的模型——市场营销敏捷性提升模型。敏捷性实践的思想源自软件的快速开发，而她的这套模型可以帮助企业将敏捷性实践的思想与企业营销的方法相结合。这套模型分为4个明确的阶段，即拥有4个明确的行动，包括确定相关指标、规划试点项目、培训内部精英、前后绩效评估的对比。

即使安德烈娅很了解这套模型的内容（4大阶段）及其作用（帮助人们将敏捷性实践应用到营销中），但她仍然不知道应该怎么描述这套模型真正的精妙之处——应用这套模型可以为她的客户及相关市场带来的改变。为了找到安德烈娅的改变话术，我们列出了一道文本算术题。

安德烈娅的听众是想让自己所在组织实现敏捷化的营销部门负责人。以下是我们一起开发出的细红线模型：

> 我们都认可，我们想知道如何才能够将敏捷性实践应用到我们的市场营销工作中（目标）。尽管存在很多我们已知的障碍，但真正的难题在于，人们总是聚焦于敏捷性的项目，而非具有敏捷性的团队（双因素难题）。不过，我们至少在一件事上可以达成一致，那就是项目团队远比项目本身要长久（真相）。

通过使用细红线模型中的元素，以及安德烈娅市场营销敏捷性提升模型中的元素，我们意识到她要找的改变话术应涵盖如下内容：

- □ 与敏捷性实践有关的内容
- □ 能化解项目与团队之间矛盾的内容
- □ 与可持续性有关的内容

这3条内容帮我们找到了这样的改变话术："与其为敏捷性实践成立一个短期测试项目，不如为具有敏捷性实践思想的人组建一支长期的团队……"这正是她开发这个模型的目的。

如果你和安德烈娅一样，已经知道自己期望的行动是什么，那么你可以从行动倒推，问一问自己你期望得到的改变是什么。

请这么做： ————————————

翻到下一章，明确你想采取的行动。

将你希望采取的所有行动整理到一起，问一问自己："如果人们完成了这些行动，他们会发生哪些改变呢？这些行动代表了思想或行为上的什么转变呢？"

将你的答案改编为一份改变话术，让它能够达到本章开头的标准。

让概念变得具体

虽然你在刚开始阅读本书时，可能并不确定该如何有效表达自己的想法，但随着你进入改变环节，如今的你应该已经知道怎么表达想法了，或者至少也该有一个大概的思路了。对于听众在实现目标的过程中所产生的疑惑，你已经有了清晰的答案。在你表述了相关真相之后，听众在面对双因素难题时，几乎不可能不采取行动。你并没有抛给听众一大堆令人头昏眼花的选项，而是展示了内容简洁、形式单一的新选项——相比让听众放弃自己的目标、无视相关证据或者背离固有信念的选项，你所提供的选项简直太有吸引力了！

你的听众现在应该会期望获得你提出的改变，用实际行动让改变成真。但要帮他们实现这一点，你还必须让改变的内容变得更加具体。而这正是你在下一章中要做的事。

> **穿越迷宫行动清单**
>
> 想要找到细红线模型的改变话术，请检查以下事项：
>
> ☐ 你是否总结出一种能帮助听众达成目标的改变？它需要内容简洁、形式单一。它既可以是思维层面的，也可以是行为层面的。
>
> ☐ 你是否回顾了此前就"你的想法是什么"这个问题所写的答案？
>
> ☐ 你是否在遇到困难时，利用你希望采取的行动，通过文本算术法梳理出了改变话术？你需要先跳到下一章来完成这一操作，这没关系，只是别忘记再回到这一章。

第 7 章

行动，丰富细节是关键

目标： 以改变为目标，构建一个人们愿意复述给自己听的故事，这样你才能将自己的想法转变为行动，甚至改变世界。

难题： 为了构建一个可以激发行动的故事，我们不但需要解释改变的必要性，还需要给出实现改变的具体方法。

真相： 细节能让理念更加具体。

改变： 利用各种细节向你的听众提供足够的信息，以便让听众根据你的想法行动起来。

行动： 撰写细红线模型的行动方案。

什么是行动方案

行动方案回答了"该怎么做"的问题。这类问题包括:"我该如何实现某种改变?""你怎么帮我实现这种改变?""我怎么知道我已经成功了呢?"由于行动方案可以将听众需要的改变表述得更加具体,因此它对于听众实现改变是必不可少的。如果你已经将自己的想法提炼成一套方法,或者设计成一系列的产品或服务,那么恭喜你,你已经找到了自己的行动方案,或者至少是一个版本的行动方案。

行动方案应该出现在改变话术之后。行动话术应该可以用以下句型清楚地表述出来:

> 我们具体应该这么做:……(行为)。

下面是一些行动方案及行动话术的案例。我们具体应该这么做:

- 研发一种简单的尿检技术,让医疗服务提供方能在患者就诊期间完成整个检测。
- 由民族志学家对故事、情感、互动等难以量化的信息进行分析。
- 设立一个新的编辑岗位——简讯编辑。
- 第一步,找到过往经历并使其失效;第二步,在讲述过往经历的时候改变措辞;第三步,与成为焦点所带来的愉悦感重新建立连接;第四步,培养接纳崭新的、更积极的感受的能力。
- 根据不同职能与层级提供不同的选项。例如,对于某个比较基础的岗位,允许员工每个月选择1天进行远程办公或休假。对于某个级别相对较高的岗位,允许员工每个月选择3天进行远程办公或休假。
- 进行恐惧实验,该实验分为4个部分——聚焦目标、投入精力、展开行动、重复实验。
- 帮助你的团队逐一晋升到以下4个层级:贡献者、指导者、开发者、先行者。

回到钻戒的案例,在我们为戴比尔斯公司撰写的细红线模型中,行动部分非常简单——"购买一枚订婚用的钻戒"。当我们把这句话放到目前细红线模型的末尾时,我们就得到了这样的文本:

> 我们都认可,我们想知道什么样的信物最能体现对彼此的承诺。尽管存在很多我们已知的障碍,但真正的难题在于,虽然戒指的环具有象征意义,但是戒指的种类也可以成为一种象征。不过,我们至少在一件事上可以达成一致,那就是钻石可以永久保存。正因如此,为了达成目标,我们需要把订婚戒指上的钻石也视为爱情的信物,而不只是把注意力放在环上。我们具体应该这么做:购买一枚订婚用的钻戒。

随着时间的推移,以及广告语在人们心中的生根发芽,戴比尔斯公司把"永恒"这个概念拓展到各种各样的场景中。比如，戴比尔斯公司已把钻石的用处拓展到儿童生日的庆祝、各种周年的纪念，甚至个人对自身的承诺中。在戴比尔斯公司首次使用"钻石恒久远，一颗永流传"这句广告语之前，他们已经开发出了一整套被业界称为4C标准的行动方案，4C代表颜色（color）、切工（cut）、纯净度（clarity）、克拉（carat）。没错，这套标准正是在戴比尔斯公司的帮助下创立并流行起来的。除此之外，戴比尔斯公司还在人们心中构建了一条普遍的共识，那就是一个人到底应该花多少钱来购买钻石——这是另一套行动方案。戴比尔斯公司提出，如果回到20世纪30年代，一个人在钻石上的开销大约应是一个月的工资；到了80年代，涨为2个月的工资；而到了这几年，该涨为3个月的工资。不知道这有没有冒犯到你。

> 想象的磨坊磨不出面粉。

> **行动方案的标准**
>
> 1. 行动方案至少要包含一个让改变更加具体的特殊元素。
> 2. 行动方案可以被归为 4 种类型：流程型、元素型、标准型、范围型。其中，范围型还可以再划分成更多的子类型。
> 3. 行动方案必须与你此前的目标话术、难题话术、真相话术密切相关，并保持语言风格上的统一。

从理解到行动

将你的想法转变为行动是构建细红线模型的关键目的。因此，只有明确听众要采取的行动，你才有可能取得相应的成果，也才有可能去衡量你的细红线模型是成是败。如果听众响应了你的行动号召，那么你就成功地说服了他们。如果听众无动于衷，那么你可能还需要继续努力。

我看过大量的目标仅止于让别人"理解"撰写者想法的材料。撰写者用了足够篇幅的内容来描述自己的想法，但留给推动听众去行动的笔墨却远远不够。然而，理解概念和实际体验完全是两码事。举个例子，请想象一下，你通过《韦氏词典》了解到桃子是"一种内含一枚种子的核果，果实中心有一枚坚硬的核，果肉为白色或黄色，果实皮薄且带有绒毛"。接着，请回忆一下，你第一次品尝桃子时有何感受。你就会明白两者的区别。

但是，如果有些人只能以阅读或聆听的方式来了解你的想法，该怎么给他们创造体验感呢？又或者你期望他们做出的某种改变具有很强的滞后性——你撰写文稿的时间远早于人们阅读的时间，或者你现场演示的时间远早于人们开始改变的时间，这时候又该怎么办呢？

此时，你需要用尽可能贴近实际体验的语言去描述改变。

让我们把目光放回到桃子上。如果你的听众从来没有尝过桃子,那么你把吃桃子时的感受描述得越详细,对方就越有可能去实际品尝。我们肯定不能说"内含一枚种子的核果",而是需要描述得更加具体。如果你能够把吃桃子时的感受与他们曾经的某种体验联系到一起,那就更好了,例如"桃子有点儿像橙子,但是它果肉的质地更像柔软、光滑的樱桃""它如同菠萝一般汁水丰富"。如果他们受用于这样的描述,那么他们可能也会喜欢更实用的信息,例如:"桃子的皮也是可以吃的""桃子中央有一处凹陷,你可以沿着凹陷处,吃周围部分""你最好就着水槽吃桃子,因为桃子的水分真的很足"。你提供的细节越多,他们想象出的体验就越具体。

在创造这样的体验时,你需要特别注意3件事。听众只有理解并认可了这3件事,才可能按照你的想法去做。这3件事是什么呢?

第一,你需要让听众感觉到你提出的改变可以帮他们实现目标。他们需要看到或听到与之相关的故事或证据,以证明你的产品、服务、想法曾经帮助其他人实现过这个目标。

第二，你的听众要相信这件事对他们来说是有可能做到的。你需要把其他人的经历映射到你的听众身上，让他们从中看到自身的影子。这个环节特别适合让听众亲自体验一下，哪怕只是让听众设想一下你的想法可以在哪些方面改善他们的生活，都会有助于增进听众的信任感。

第三，你的听众需要相信他们的行动是有价值的。任何情况下，要求某人改变自己的思维或行为，都是在要求他们重新设定自己的大脑——让他们对自己讲述一个全新的故事。如果你想改变的人是你的潜在客户，那就相当于要求他们在重新设定自己大脑的同时，放弃一部分财富。所以，他们需要明确地感受到，改变带来的好处是多于其成本或风险的。这里的成本与风险既可以是精力上的、经济上的、时间上的，甚至还可以是名誉上的。而你的听众需要了解到足够的细节，才能解出这道由风险、成本与回报组成的方程式。

细节让改变更具体，也让改变更具可执行性。这种细节就是细红线模型中的行动方案。

如何确立你的行动

第一步：进行头脑风暴，构思行动类型

所有行动都可以被纳入4种类型——流程型、元素型、标准型、范围型。选择哪种行动类型，要看你的用途、目标听众及期望取得的成果。

举个例子，假设你的想法和人工智能有关。如果你的细红线模型的用途是制作keynote幻灯片或进行TEDx演讲，那么对应的行动方案就应该是一系列能让听众开始接触人工智能技术的行动指南，如找出目前仍然在手动处理的日常任务、研究能执行这些任务的人工智能产品及服务、挑选一项任务作为试点等。如果你的用途是投资推介，那么请记住，投资者需要借由你的行动方案来确认你提出的改变是否可行。你需要让投资者相信，你的公司有将这些展示给他们的改变化为现实的能力。在这种情况下，表述的重点应该是你或你的公司能通过什么样的行动方案帮助听众实现目标，而非帮助你面前的投资者实现目标。你提出的行动方案可以是你或你的

公司实施的行动，也可以是你们提供的相关产品或服务，比如可以帮助潜在客户找出日常任务的用户测试、可以帮助客户把测试结果转化成适合他们使用的产品的"设备推荐"服务、可以帮助客户确定相关产品是否适合自己的"在家试用"程序等。如果你在推介环节取得了成功，就可以带着投资者进入下一个环节，或者描述一下你准备如何使用你获得的资金。

接下来，我们会谈到行动方案的几种类型。请注意，即使其中的某个类型看上去与你的用途完美匹配，也请先进行一番头脑风暴，找出所有类型的选项。这些拓展出来的选项可以增加你探索的深度、广度、长度，也可以供你在未来不同的用途中使用。举个例子，如果你用这套流程来设计一份 30 分钟的 keynote 幻灯片，并且你已经把所有与之相关的选项全部想出来了，那么即使被临时告知演示幻灯片的时间比原计划延长了 6 分钟，你也依然可以顺利完成任务。再比如，你的投资推介活动进行得特别顺利，那么你就可以接着列举一下听众可能采取的用以推进项目的行动步骤。

对我的部分客户来说，进行头脑风暴构思更多行动方案的过程加深了他们对自己想法的了解，让他们发现了标志性的全新模型，也帮助他们想出了产品和服务的新创意。

所以，让我们逐一了解行动方案的各种类型吧！

流程型行动方案就是会在你脑中浮现的那种最典型的行动方案——为了创造某种改变而按照特定顺序依次进行的行动步骤。根据我的经验，这种类型的行动方案是最常见的。流程型行动方案几乎都以动词的形式来表述，而且通常都是按照步骤排序的。我的童年里就有这么一个流程型行动方案的案例——"停、趴、滚"。如果我身上着火了，就可以按该口诀来应对。细红线模型本身也是一套流程：先找到目标，然后是难题、真相、改变、行动，顺次锁定。

请这么做：————————————————

为了找到流程型行动方案，请问一问你自己："为了创造想要的改变，有哪些必要的行动步骤？"

第二常见的类型是元素型行动方案。这种类型和前一种非常相似,因为它们描述的都是如果我们想要创造改变,必须要做哪些事。但是这类行动方案中的元素没有先后之分。元素型行动方案基本以名词的形式来表述。举个例子,慧俪轻体公司的健康项目包含3个核心元素:饮食、活动和心态。如果你想拥有健康的生活方式(改变),那么以上3个元素对你来说缺一不可。但是,这3个元素之间并没有特定的顺序。你不一定非得按照先改进活动,再改进饮食,最后改善心态的顺序来行动。你可以同时改进这3个元素,也可以先从某个对你来说帮助最大的元素着手。你可以把元素型行动方案放到你的产品、商品或服务的描述中,比如,"我们(你的公司)通过咨询、出版、培训服务来创造这样的改变"。

请这么做:

为了找到元素型行动方案,请问一问你自己:"有哪些元素是必须遵循特定顺序的?有哪些元素是必不可少但不必在乎顺序的?"

和前面两个类型的行动方案相比,标准型行动方案相对没有那么常见。这类行动方案描述的是一次成功的改变应该具备哪些特征。这就像你在形容夏天时,会把夏天描述为"天气温暖、阳光充足、令人放松"。标准型行动方案通常会以形容词的方式来表述。举个例子,我经常形容成功的文本要满足4条标准:关联性、普适性、新奇性和重复性。

请这么做: ────────────────

为了找到标准型行动方案,请问一问你自己:"你在描述一次成功的改变时,会总结出哪些特征或特点?"

最后一种类型是范围型行动方案。范围型行动方案描述的是你可以去或应该去创造改变的领域,如不同的部门、不同的层级、不同的阶段等。你可以用这类行动方案来描述某项改变对组织的不同部门所造成的影响,如销售部、市场部等,或者描述某项改变对不同范围内的人所造成的影响，如个人范围、公司范围、世界范围等。这个分类来自我的朋友——演讲人、作家尼恩·詹姆斯（Neen James）。

请这么做：

为了找到范围型行动方案，请问一问你自己："这项改变适用的用途都有哪些？它可以应用于哪些领域中？"

> 细节让概念变得具体。

第二步：挑选你的类型

一旦你通过头脑风暴把所有可能的行动全都罗列出来，通常就会发现这4种类型的行动方案中总有某一类型能将所有的行动都串联起来，还能和你的用途完美匹配。你要做的就是把这一类型挑出来!

请这么做: ─────────

根据用途,决定你行动方案的类型。你还是要按老规矩,保留所有在头脑风暴中诞生的成果,因为你可能会在未来用到它们。

但如果在这4种类型中,你发现没有任何一种能够脱颖而出,那也不要担心,继续下一步。有时候,对内容的进一步提炼可以帮你明确自己的选择。

第三步:缩小选择范围

虽然我认为细红线模型起码要包含一项具体行动,但行动也并不是越多越好。还记得我在上一章说过,面临的选择越复杂,人们做出改变的可能性就越低吗?这个道理在这里也同样适用。这就是为什么我建议你把具体行动的数量限定在5项以内。如果你能把行动的数量控制在3项，那就再理想不过了。如果超过这个数量，人们在记忆时就会遇到困难，因此你只能把人们的注意力集中到最关键的信息上。

那你能不能打破这个规律的限制，给你的听众呈现7种元素或12个步骤呢？当然可以！但是请确保你选择的用途允许你这么做。行动所包含的元素或步骤越多，你要向听众说明的内容就越多。因此，在这种情况下，更适合的解决方案可能是开展一次研讨会，或者撰写一本专门的书。如果你的时间和空间资源都很有限，那么就请你尽量精简自己的行动方案。

请这么做：

将你通过头脑风暴想出来的行动加以精简，仅为每个类型保留1~5个选项。

第四步：打磨记忆点

掌握了行动涉及的各种概念后，你接下来的工作就

是利用我们在打磨难点词时所使用的技巧,让行动的各个项目也变得入耳:

- 头韵——assess(评估)、articulate(清晰表达)、activate(激活)
- 腹韵——try(尝试)、find(发现)、fight(打击)
- 尾韵——know(知道)、go(去)、flow(流动)
- 匹配音节的数量或形式——inspiration(灵感)、activation(激活)

和打磨难点词一样,在押韵方面下功夫同样可以帮你找到你的行动话术,而且如果在韵律和发音方面把行动部分的标题拟得比较好,听众会更容易记住它们。

请这么做:

在列出精简版的行动清单之后,不妨试着将其整理为一组相互协调、带有韵律、节奏明确或者带有"诗意"的词组,以便易于记忆。

第五步：命名与归属

有时候，为你的行动方案或行动模型起一个有代表性的名称是很有意义的。我自己就是这么做的——我将你现在正在学习的模型命名为"细红线模型"。我的客户泰德·马（Ted Ma）也是这么做的，他把他创建的含4个等级的领导力模型命名为"多级领导力模型"。

你可以从众多地方获得这类命名方式的灵感。我所使用的"细红线"一词，在习语中早已存在，它描述了我这个模型的功能。"多级领导力模型"这个名称则源于我那位客户在多层级市场营销方面的独特背景。你也可以从自有的品牌或经常使用的短语、类比中寻找灵感。

请这么做：

为你的行动方案起一个名称。你可以从你目前撰写的细红线模型中找灵感，可以从相关的比喻、习语及其他表达中找灵感，还可以从你现有的品牌中找灵感。

你不需要专门把你的行动方案注册成一个品牌或商标。但是，为你的行动方案命名有助于你成为意见领袖，并使你的工作变得与众不同。

威力无限的"组合拳"

在通过头脑风暴思考自己该选择哪类行动方案时，你也许注意到了这样一种现象：可以选择的类型不止一种。事实上，你通常需要去利用，甚至不得不去利用多种类型的行动方案来开创一套"组合拳"。例如，在细红线模型中，我为你展示过一套包含 5 个步骤的流程型行动方案——寻找目标、寻找难题、寻找真相、寻找改变，最后寻找行动。我还和你提过一种标准型行动方案，它表述了改变话术要达到什么标准才算成功——一条优秀的文本必须具有关联性、普适性、新奇性和重复性。在本书第 9 章的细红故事线中，我将向你讲解如何从框架与时态两个角度来调整你的细红线模型，让其适用于说明和推广这两种不同的用途。

如果你正在创建一条文本，并且希望它的内容强大到足以支撑起一本图书、一次研讨会或者一项新业务，那么你也许就需要利用多类行动方案形成"组合拳"，为你打下广泛而坚实的基础。可选的行动无穷无尽，但它们大多不是必要的。如果你构思的文本很简洁，你想要创造的改变也很简单，那么就不要把事情复杂化！

细红线模型的实质终点

无论你是如何构思出行动方案的，只要你到了行动方案这一环节，你就来到了细红线模型的终点。截至目前，你已经做了 5 件事：让听众回顾了他们最初的疑惑；让听众理解了难题背后的棘手之处；揭露了一个迫使听众做出抉择的真相；展示了一种帮助听众达成目标的改变；提供了一套让改变具体落实的行动方案。

接下来做什么呢？你要向听众展示，他们刚刚经历的这趟思维旅程是如何给他们带来意想不到的收获的。

穿越迷宫行动清单

想要找到细红线模型行动方案,请检查以下事项:

- ☐ 你是否通过头脑风暴列出了 4 种行动方案类型对应的所有可能的行动?
- ☐ 你是否明确了哪种行动方案类型最适合你的用途?
- ☐ 你是否把行动的数量精简到了 1~5 个?
- ☐ 你是否尝试将你的行动打磨得更有韵律,并且为你的行动方案命名,或者把它们转变为一个模型?

第 8 章

升华目标，给予额外回报

目标： 以改变为目标，构建一个人们愿意复述给自己听的故事，这样你才能将自己的想法转变为行动，甚至改变世界。

难题： 优秀的故事往往会制造一种矛盾，让某人期望的东西和真正需要的东西彼此冲突，而化解这种矛盾正是故事的美满结局。

真相： 人们都希望故事有一个美满的结局。因为人们内心对事情的发展有着自己的期待，而美满的结局恰好满足了人们的这种期待。换句话说，聪明、能干、善良的人值得好报。

改变： 向你的听众展示，他们在未来会收获怎样的美满结局,并且告诉他们,在这个过程中他们还能获得什么。

行动: 撰写细红线模型的升华目标。

什么是升华目标

升华目标可以向你的听众展示,他们在改变之后会有什么其他收获。升华目标会揭示一些远超听众最初目标的可能收获。升华目标应该排在改变话术之后,并可以用以下句型清楚地表述出来:

> 这么做不仅可以达成目标,还可以……
> (升华目标)。

下面是一些升华目标的案例:这么做不仅可以达成目标,还可以……

☐ 为患者和医疗服务提供方赋能,让他们可以制定个性化的治疗方案并得到更好的治疗效果。
- 向各个公司提供专属于他们的洞见，这些洞见可能会改善他们的业务，优化他们所在的产业。
- 创造出一份全新的潜在收益，以支持我们机构的编辑工作和财务工作。
- 让你能够享受聚光灯下的乐趣，让你不再充满歉意地做自己。
- 排除年龄因素，将你眼中最优秀、最聪明的员工打造为新的行业榜样，营造一个更好的工作环境。
- 让你拥有一种没有遗憾的人生。
- 帮你营造一种领导力文化。

以订婚钻戒的故事为例，可以阐述其升华目标的方式简直太多了。在讲述戴比尔斯公司的故事时，我通常会用以下的文本作为细红线模型的话术：

> 我们都认可，我们想知道什么样的信物最能体现我们对彼此的承诺。尽管存在很多

> 我们已知的障碍，但真正的难题在于，虽然戒指的环具有象征意义，但是戒指的种类也可以成为一种象征。不过，我们至少在一件事上可以达成一致，那就是钻石可以永久保存。正因如此，为了达成目标，我们需要把订婚戒指上的钻石也视为爱情的信物，而不只是把注意力放在环上。我们具体应该这么做：购买一枚订婚用的钻戒。这么做不仅可以达成目标，还可以为你们的后代留下一份爱情遗产。

对许多人来说，这显然是钻石隐含的"免费福利"之一——你可以把钻石当成传家宝，留给子孙。但是，戴比尔斯公司的升华目标并非固定的，它完全可以被替换成戴比尔斯公司当前任意一条广告词，比如，"钻石如同你独一无二的爱情一样"。这句话让我哈哈大笑，因为1947年戴比尔斯公司的宣传策略太成功了，导致最近几年钻石的流行程度大受影响——钻石也许的确"永恒"，但是现在每对伴侣都有钻戒。另外，钻石现在与婚姻的性别规范观念密不可分,因此,钻石的故事已经不像曾经那么有力了。言归正传,你可以看到戴比尔斯公司是如何应对这个升华目标的,它给原有故事加了一个新的真相——每一颗钻石都是独一无二的,所以你们爱情的信物也会是永久而唯一的。

不过,戴比尔斯公司之所以能够获得成功,其根本原因是他们不但满足了人们的期望(为人们找到了爱情的信物),同时还大大超出了用户的最初预期目标(这个信物还能对外传递信息)。

> 不积跬步,无以至千里。

找到"内部的免费礼物"

肖恩·科因(Shawn Coyne)是一位畅销书编辑,也是一名讲故事的高手。他表示大多数高质量的故事里往往同时有至少两条故事线。其中,主线故事的动力源自主角"有意识的期望"——某个十分明确并且主角也知道自己期望得到的事物。主角对这一事物的追求决定了故事的主要情节，推动了故事的发展。你的听众也一样，他们对你的细红线模型产生兴趣的动力也是源自他们对自身目标的期望。

但是，你还记得吗？你的目标必须是一个听众愿意大大方方地向别人提出的问题。那么，在你的内心深处，你又如何知道这个问题背后的那个更深层、更重要的问题呢？这就是科因所说的"无意识的期望"。在小说的写作中，这种期望往往并不那么明确，而主角对这种期望的追求创造了隐藏于主线故事之下的支线故事。我个人认为有史以来最好的圣诞电影之一《虎胆龙威》(*Die Hard*)就是一个非常好的案例。毫无疑问，电影的主线故事是约翰·麦克兰（John McClane）与占据中富广场的坏人战斗的故事。霍莉（Holly）在这次事件中碰巧成为被坏人劫持的人质，而《虎胆龙威》的支线故事就与约翰与霍莉这二人的关系有关。这两条故事线之间的互动让剧情变得更有趣，也更有深度。

作为观影者，我们可以同时感觉到电影的主线故事和支线故事，但通常直到电影结束的时候，我们才会真正意识到支线故事的存在。然而，在大多数情况下，正是支线故事的结局在吸引着我们，也正是支线故事的结局让我们开心或者绝望。你能明白我的意思吗？当约翰解开霍莉手腕上的手表，让史上最出名的反派汉斯·格鲁伯（Hans Gruber）摔死的时候，你可不仅仅是为约翰打败了坏人而欢呼，更是为霍莉和约翰，以及两人有望改善的夫妻关系而欢呼。

　　有时候，如果故事里的人获得了他们期望的东西，但是并没有获得他们真正需要的东西，我们就会感觉主角的"胜利"毫无意义。比如，主角获得了自己一直期望得到的名誉，却失去了挚爱之人。如果某个角色既没有获得自己期望的东西，也没有获得他真正需要的东西，那么我们就会处于一种未知状态，无法判断自己所关注的这个角色接下来会遭遇什么样的事情，而且我们往往担心会发生最坏的状况。在这种情况下，如果这个人物的"无意识的期望"得到了满足，那么又会发生什么事呢？我们会深信这个人物能够获得最终的成功。因为"无意识的期望"才指向他们真正需要的东西，即使它和他们的最初预期目标并不一样。

> **升华目标的标准**
>
> 1. 对于你的听众,升华目标必须提供明确的价值。
> 2. 升华目标在规模与范围上都应该超过最初的目标。
> 3. 通常情况下,升华目标向你的听众暗示了一个全新的潜在目标。

如果故事中的人物既获得了自己想要的,又获得了自己需要的,那么我们就会非常高兴。这种感觉就像是我们发现了早餐麦片盒子里赠送的"免费福利",这一比喻来自赛斯·高汀(Seth Gordin)提出的著名营销思想。人们都喜欢美满的故事结局,因为美满的结局满足了人们对事情应该如何发展的期待。如果你聪明、能干、善良,那么我们的大脑会告诉我们,你就应该获得自己想要且需要的，反之亦然。如果你的听众成为故事里的主角，而且他们成功地实现了自己的目标，甚至可能得到了额外的收获，那么你就向他们证实了人类最重要的渴望和信念。

正是由于这些原因，只要你构建的故事没有回到起点且形成闭环，只要你没有带领听众回到他们最初的目标，那么这个故事就不算真正结束。换句话说，即使你寻找细红线模型的过程是线性的——目标、难题、真相、改变、行动，但只要你是以细红线模型来讲故事，你就应该遵循闭环路线（图 8-1）。

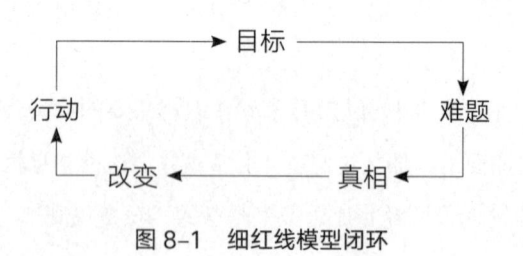

```
        ┌──────── 目标 ────────┐
        │                      ▼
       行动                   难题
        ▲                      │
        └── 改变 ◄──── 真相 ◄──┘
```

图 8-1　细红线模型闭环

对目标的回顾可以让你的听众看到，他们如今已经成功地回答了自己最初的疑问。如果说这个时候我们还需要加点什么，那就在这个闭环里为你的听众准备一个免费礼物吧。对你为想法而构建的故事来说，它的结束语可以是一个令人惊喜的额外收获，也可以是一个值得探讨的新问题，还可以是一条值得探索的新路径。它将告诉听众，故事结束之后还会发生什么，以及他们当下能做哪些准备。

如何构建你的升华目标

升华目标可以让你的听众知道，如果他们做出了相应的改变，接下来会发生什么。升华目标可以揭示一些超越当前阶段，甚至远超乎听众此前想象的事情。

请这么做：

问一问你自己，如果听众通过这种改变达成了自己的目标，在这个过程中，他们还能获得或者实现什么呢？

从中选出最好的答案，并把它转变为一份升华目标话术，让它能够满足相应的标准。

你可能会发现，你居然已经写好了自己的升华目标。还记得吗？你曾经尝试列出听众想实现的各种目标。那时候我曾经说过，在选择听众的目标时，你必须选择听众愿意说出来的期望，而不能选择你所认为的听众拥有的期望。我知道，当时我提出的这些条件可能让你有些沮丧。但是你猜怎么着？你可以在升华目标这个环节中，把听众内心真正的期望和需求展示出来了。

请回顾一下你在第 3 章中通过头脑风暴获得的成果，当时你正在寻找听众的目标。你可以看一看，其中有哪些问题你认为是听众应该问却暂时没有问的，因为升华目标也许就藏在这些应提未提的问题之中。另一个可以寻找升华目标的地方就是你的笔记。同样，回顾第 3 章中你在思考听众疑问的背后有哪些核心期望时所写下的项目，比如"我们如何才能改善患者的预后""我们如何才能改善盈利状况""我们如何才能保证社区有强大的凝聚力和灵通的信息渠道"。如果这些期望中有没被你选中并改写为细红线模型目标话术的，那么它们很可能是升华目标话术不错的候选项。

请这么做： ————————

　　回顾一下此前你在写目标话术时进行的头脑风暴，看看有没有某个目标或问题可以达到升华目标的标准。

　　从中选出你认为最好的答案，并且把它转变为一份升华目标话术。

情绪号召

　　你可能听过"行动号召"这个说法。在本书中，行动号召就是你对听众提出某种具体的行动请求，好让他们实现目标。在理想情况下，这么做也能帮你取得期望的成果。行动号召通常来自你上一章所概括的行动方案。

　　虽然你可能非常希望自己的听众是一群完全理性的人，能够根据你提出的种种理由，得出一个最合理的结论，但是，事实上他们根本做不到。人类不是完全理性的决策者，只会将自己的决策加以合理化。我们是根据直觉、情绪及本能来进行决策的，只不过我们会在随后让自己以为是理性地决定做什么或不做什么的。

我之所以设计出细红线模型，就是为了能够同时从直觉层面（感性）和思维层面（理性）说服听众。当某人接触到一个全新的想法时，必然会对这个想法进行"直觉检测"，包括检测这个想法是否与他们自己脑中的故事相吻合。他们会检测这个想法是否涵盖了故事的全部元素，这些元素是否按照正确的顺序排列。最重要的是，他们会检测新想法讲述的故事和他们讲给自己听的故事是否一致。

上述这些检测虽然听上去充满理性、逻辑清晰，其实都是在潜意识状态下完成的。如果你的大脑在潜意识阶段对这些问题中的任何一个说了"不"，那么只有这个"不"会上升到你的意识层面，这个否定结论的理由并不会与之共同进入你的意识层面。这就是为什么你为自己的想法提供的任何论述都必须凑齐大脑所需的全部故事元素。听众会从你的论述中凑齐大脑需要的信息，然后从感性与直觉的角度给出反馈："没问题，我觉得这个想法挺好。"

然而，你和你的文本并没有就此完全摆脱危机。因为接下来听众的大脑还有一个对决策进行合理化的过程。这就是为什么你在构建细红线模型的过程中，需要尽量在逻辑和信念层面夯实所有内容。你需要将自己的想法和听众的期望联系在一起；你需要找到一组听众能够认可和接受的视角；你需要把改变嵌入一个听众可以自行验证的真相中；你需要提高文本的应变能力，使之能够适应不同的情况，从而经受住大脑的合理化检测，这个检测是听众能否付诸行动的最终决定因素。

你需要让自己的想法言之有理。

你还可以在最后一步设法让听众对自己的选择感到满意，让他们回到最初令自己愿意认可你想法的情绪状态下，以此形成闭环。

升华目标的作用正是如此。它可以唤醒积极的情绪，而且情绪号召会与行动号召成为一对黄金搭档——"如果你这么做了，你会实现你的目标（行动号召），并且可以获得额外收获（情绪号召）。"我在TEDx的职业生涯的后期，曾与王圣捷一起合作。她在演讲中讲述了一个故事，谈到了奈飞公司（Netflix）如何通过分析听众的刷剧习惯来进行内容交付和用户体验方面的创新。她总结出一段非常漂亮的话，完美地展示了她的原始目标和升华目标："通过整合大数据与厚数据（改变），他们不仅改进了自己的业务（目标），而且还改变了人们使用媒体的方式（升华目标）。"王圣捷向她的听众明确地阐述了一种可能性——厚数据拥有改变整个行业的潜力。

升华目标是细红线模型的必要元素吗？事实上，它并不是。当你向听众展示你提出的改变和行动方案如何帮助他们达成目标时，如果他们认可行动方案的可行性与价值，他们的大脑就会认为故事已经到了尾声。但是，如果你想让听众感受到不得不采取行动的压力，那么可能还需要你进行一次情绪号召。

> 人类不是完全理性的决策者，
> 人类只会将自己的决策加以合理化。

把一切组合起来

恭喜你!现在,你已凑齐细红线模型的所有元素。

- □ 你设立了一个目标——你的听众所期望的某种东西。
- □ 你提出了一个对方身在其中却不自知的难题。
- □ 你揭示了一个让他们无法忽视的真相。
- □ 你明确了一个他们为达成目标而要做的改变。
- □ 你描述了实现这个改变所需的行动。

有了升华目标之后,你就可以把它作为一根弓弦,安装到一把情绪之弓上。你向听众展示了两样东西:一是获得成功的必备元素;二是在此之后可能发生的事情。

现在,是时候把这些话术组合到一起,为你的想法构建细红故事线了。

穿越迷宫行动清单

想要找到细红线模型的升华目标,请检查以下事项:

☐ 你是否总结了听众在做出改变之后,还能获得哪些原定目标以外的额外收获?

☐ 你是否在遇到困难时,回顾了此前通过头脑风暴列出的目标与听众期望?很多伟大的想法就藏在其中!

FIND YOUR RED THREAD

第 3 部分

打磨你的细红线模型

第 9 章

试组模型：填空游戏和强度测试

目标： 以改变为目标，构建一个人们愿意复述给自己听的故事，这样你才能将自己的想法转变为行动，甚至改变世界。

难题： 就故事而言，功能与形式同样重要。故事是人们解释因果——为什么某个行为会产生某种结果的一种手段。

真相： 故事就是说服力；故事可以解释为什么你提出的改变可以帮助听众达成他们的目标。

改变： 当你为自己的想法找到一个故事时，你就为自己的想法找到了论据。

行动： 撰写你的细红故事线。

什么是细红故事线

细红故事线由细红线模型中的所有元素共同组成。这些元素串联在一起，形成了一个非常短的故事。因此，细红故事线可以被视为你想法的"最小可行性论述"。细红故事线应该将之前所有的话术整合到以下形式的段落中：

> 我们都认可，我们想知道……（目标）。尽管存在很多我们已知的障碍，但真正的难题在于……（双因素难题）。不过，我们至少在一件事上可以达成一致，那就是……（真相）。正因如此，为了达成目标，我们需要……（改变）。我们具体应该这么做：……（行为）。这么做不仅可以达成目标，还可以……（升华目标）。

下面是我们已经非常熟悉的一些案例的完整版细

红故事线：

- 我们都认可，我们想知道如何让患者继续进行关键药物治疗。尽管存在很多我们已知的障碍，但真正的难题在于医生决策时只能依靠患者的回忆，而非相关检测的结果。不过，我们至少在一件事上可以达成一致，那就是眼见为实。正因如此，为了达成目标，我们需要即时把隐性疗效显性化——我们需要把人们无法感知的治疗效果转化为可见的检测结果。我们具体应该这么做：研发一种简单的尿检技术，让医疗服务提供方能在患者就诊期间完成整个检测。这么做不仅可以达成目标，还可以为患者和医疗服务提供方赋能，让他们可以制定个性化的治疗方案并得到更好的治疗效果。——优尔舒公司

- 我们都认可，我们想知道如何才能降低商业决策的风险。尽管存在很多我们已知的障碍，但真正的难题在于，大数据既扩展了知识的边

界，也扩展了未知的边界。不过，我们至少在一件事上可以达成一致，那就是最大的风险源于未知。正因如此，为了达成目标，我们需要整合大数据与厚数据——大数据识别不出的内容有很多，厚数据就是从这些被遗漏的内容中提炼出来的信息与洞见。我们具体应该这么做：由民族志学家对故事、情感、互动等难以量化的信息进行分析。这么做不仅可以达成目标，还可以向各个公司提供专属于他们的洞见，这些洞见可能会改善他们的业务，优化他们所在的产业。——王圣捷

☐ 我们都认可，我们想知道如何才能更好地完成工作。尽管存在很多我们已知的障碍，但真正的难题在于内容输出（我们创造了多少内容）和内容曝光（有哪些用户、有多少用户看到我们的内容）之间的关系。不过，我们至少在一件事上可以达成一致，那就是看到内容的读者越多，内容的影响力就越大。正因如此，为了达成目标，我们需要采纳这个项目，以便提高

我们内容的浏览量，同时通过它所创造的收益增强我们的内容输出能力。我们具体应该这么做：设立一个新的编辑岗位——简讯编辑。这么做不仅可以达成目标，还可以创造出一份全新的潜在收益，以支持我们机构的编辑工作和财务工作。——非营利传媒公司

- 我们都认可，我们想知道如何在面对舞台或摄像机时表现得更加自然。尽管存在很多我们已知的障碍，但真正的难题在于我们把恐惧视为巨大的单一整体，而非众多个体的集合。不过，我们至少在一件事上可以达成一致，那就是过往的经历会产生深远的影响，恐惧会在我们体内留下有形的痕迹。正因如此，为了达成目标，我们需要消除过往经历所产生的印记，它们当下仍然以恐惧的形式存在于我们体内。我们具体应该这么做：第一步，找到过往经历并使其失效；第二步，在讲述过往经历的时候改变措辞；第三步，与成为焦点所带来的愉悦感重新建立连接；第四步，培养接纳崭新的、

更积极的感受的能力。这么做不仅可以达成目标，还可以让你能够享受聚光灯下的乐趣，让你不再充满歉意地做自己。——琳达·乌格洛夫

☐ 我们都认可，我们想知道什么样的激励措施能留住千禧一代的员工。尽管存在很多我们已知的障碍，但真正的难题在于更关注工作岗位，而非岗位上的人。不过，我们至少在一件事上可以达成一致，那就是人是让岗位发挥作用的核心因素。正因如此，为了达成目标，我们需要根据不同岗位上员工的不同情况，为他们提供个性化的激励措施。我们具体应该这么做：根据不同职能与层级提供不同的选项。例如，对于某个比较基础的岗位，允许员工每个月选择1天进行远程办公或休假。对于某个级别相对较高的岗位，允许员工每个月选择3天进行远程办公或休假。这么做不仅可以达成目标，还可以排除年龄因素，将你眼中最优秀、最聪明的员工打造为新的行业榜样，营造一个

更好的工作环境。——特蕾西·蒂姆

☐ 我们都认可，我们想知道如何控制恐惧感。尽管存在很多我们已知的障碍，但真正的难题在于我们认为答案在于如何让自己变得无所畏惧，而非如何减轻恐惧感。不过，我们至少在一件事上可以达成一致，那就是即兴决策早已成为你的日常活动，每天你都要处理一些计划外的事情。正因如此，为了达成目标，我们需要每天都刻意去做一些令自己恐惧的事情。我们具体应该这么做：进行恐惧实验，该实验分为4个部分——聚焦目标、投入精力、展开行动、重复实验。这么做不仅可以达成目标，还可以让你拥有一种没有遗憾的人生。——朱迪·霍勒

☐ 我们都认可，我们想知道如何激发人们的潜力。尽管存在很多我们已知的阻碍，但真正的难题在于我们希望在培训下属的过程中，能够自然地产生一些领导者。不过，我们至少在一件事上可以达成一致，那就是领导力是后天习

> 得的。正因如此，为了达成目标，我们需要发展多层级领导力——在各个工作层级培养相应的领导力。我们具体应该这么做：帮助你的团队逐一晋升到以下4个层级——贡献者、指导者、开发者、先行者。这么做不仅可以达成目标，还可以帮你营造一种领导力文化。——特德·马

虽然在第8章中我为戴比尔斯公司写了一份模拟细红故事线，不过戴比尔斯公司从来没有公开表达过一个完整的故事。但是，我很喜欢我的听众听到这个故事时的反应。他们非常愿意去了解为什么"钻石恒久远，一颗永流传"这句广告语从过去到现在一直拥有如此强大的力量。事实上，他们通常会非常不情愿地承认，哪怕他们已经了解了戴比尔斯公司案例背后的相关原理，无论他们是不是直接受众，这个案例的影响力仍然没有丝毫减弱。人们仍然会坚信钻石具有情感价值，哪怕他们已经了解到这终归仅仅是他们对自己讲的一个故事而已。

细红故事线的标准

1. 细红故事线要能涵盖你的细红线模型中的所有话术。
2. 细红故事线应当为你的想法提供论据,让听众仅凭直觉就能理解你的想法,即使有一些元素可能需要你进一步解释才能让听众认可并付诸行动。
3. 细红故事线不能使用任何未经解释的术语或行话。如果你确实需要引用某个听众可能无法理解的词,你就要在细红故事线中明确地给出解释。

> 内部无力量,外部无影响。

谚语与力量

戴比尔斯公司的"钻石恒久远,一颗永流传"之所以有如此强大的力量,还有另外一个原因,那就是这句广告语读起来很像一句谚语。我们在第 5 章曾经讨论过谚语的问题。在第 5 章中,我建议你参考谚语来明确真相话术背后的核心理念。但是,如果你可以将细红线模型中的其他话术也打磨得入耳,就可以将谚语的力量扩散到整个细红线模型。

这就是为什么很多名言警句都固化为我们的集体意识,比如"欲速则不达""第二只老鼠才能吃到奶酪"[1],以及一些更现代的谚语,比如"直面痛苦才是唯一出路"。首先,这些谚语提供了一条非常有用的捷径,可以帮我们总结出自己的人生观或世界观,比如"沉默是金",或者可以帮我们指明在这些信念的指导下,接下

---

[1] 之所以第二只老鼠才能吃到奶酪,是因为第一只成了老鼠夹下的牺牲品。——译者注

来应该做什么，比如"不要问国家为你做了什么，问问你为国家做了什么"。其次，这些谚语极易记忆。

如果你希望你的想法也能成为某种易于记忆，并且有效实用的捷径，那么就需要把你的想法谚语化！尽量让你的细红线模型中的话术具备谚语的特征。谚语有哪些特征呢？这里我需要推荐一下我的朋友——讲故事高手罗恩·普洛夫（Ron Ploof），他的专著《谚语效应》（The Proverb Effect）应该成为每一位内容生产者的必读书。罗恩告诉我们，谚语具有以下非常明显的特征：

- 形式非常精简，通常不超过 129 个（英文）字符，而其词数的中位数为 7。
- 遵循一种罗恩称为"利他法则"的规律，意思是谚语的内容并不是对创造方（你）有利的，而永远是对接收方（听众）有利的。

想达到第一条标准很简单，只要不断地精简细红线模型的话术，直到它变得短小精悍。通常，我都会让我的客户按Twitter早期的(英文)字符数标准来精简语句：140个字符(或更少)，而且这里的字符包括了词语之间的空格。这个字符数标准比罗恩的分析结果还要稍微多一点点。对第二个特征，如果你不知道如何才能遵循利他法则，我告诉你一个小诀窍。这个诀窍也来自罗恩，他发现了谚语的第三个特征——(英文)谚语是用第二人称，并且以现在时的时态书写的。你发现没有？谚语几乎都包含一个明示或暗示的"你"，并且讲述的是现在而不是过去的事。

你可以留心我在本书中使用的谚语，看看它们是如何达到上述要求的：

- 钱买不来幸福。
- 当两个真相发生冲突时，幸存的只有一个。
- 小洞不补，大洞吃苦。
- 奔跑者的终点不在于终点线，而在于内心。
- 眼见为实。
- 欲速则不达。
- 第二只老鼠才能吃到奶酪。

- 沉默是金。
- 不要问国家为你做了什么，问问你为国家做了什么。
- 直面痛苦才是唯一出路。

同时也请注意，在本章前面几个细红故事线的案例中，谚语化是如何发挥作用的：

- 即时把隐性疗效显性化。
- 大数据既扩展了知识的边界，也扩展了未知的边界。
- 最大的风险源于未知。
- 看到我们内容的读者越多，内容的影响力就越大。
- 经历会在我们体内留下有形的痕迹。
- 人是让岗位发挥作用的核心因素。
- 即兴决策早已成为你的日常活动。
- 每天都刻意去做一些令自己恐惧的事情。
- 领导力是后天习得的。

由于现有的很多表达听起来已经很像谚语了,所以我建议你参考常见的原则来打磨你的表述。

请这么做: ────────────

看一下你细红线模型里的话术,挑选出最佳版本并修改,让它们更有谚语的感觉。请注意,你也要保留文字较多的版本,因为你可能会在后面用到它们!

最后的提示:我发现,对难题、真相和改变这3个元素进行谚语化改造是最有效果的,毕竟它们是你论述的主要元素。所以,你需要让这3个元素像谚语一样,最清晰、最易记。

为你的想法制定最小可行性论述

英国前首相丘吉尔曾说过:"我们必须既要学会应对短暂而激烈的局面,又要学会应对漫长而艰难的局面。"只要有足够的时间,大多数人最终都能展现出自己想法背后的力量和潜力。但你很难有那么富裕的时间,即使有,大多数人也仍然希望你长话短说!

我们此前已经讨论过,使用故事及其架构来组织信息之所以为捷径,是因为故事能够将想法的"代码"直接上传到听众大脑里的"故事处理器"中。这样听众的大脑就不必再去搜寻故事,从而为你节省了大量时间。

这只是我们使用故事进行表达的好处之一。此外,故事还有一个重要的功能,那就是我们人类必须通过它才能得出因果关系的结论。如果甲的发生导致了乙这个结果,那么我们的大脑就会为建立两者之间的联系而创造出一个故事。讲故事的高手十分了解大脑的这个机制。事实上,有一句话在小说家、剧作家和编剧之中非常流行,那就是"故事就是说服力"。讲故事的过程就是论证你想法的过程。故事是作者对某个事件为何会按照某种方式发展所做的解释。

"故事就是说服力"这个理念深深印刻在人们的内心,以至于只要你为某个想法找到或设计出了一个合适的故事，你就同时为这个想法构建了一套论证方法。通过设立一个期望达成的目标、揭示一个阻碍实现目标的难题、强调某个必须抉择的真相、阐述某个化解矛盾的改变与行动，你不仅解释了想法的内容，还解释了它的重要性。你解释了自己为什么要以这种方式去做某事。一般来说，你要在 140 个字符或更少的字符内，向听众表述他们理解和认可你的想法所需的最少必要信息。

听众会不会产生想了解更多信息和细节的念头呢？通常是会的。但现在你要考虑的是，仅凭细红线故事线，你能否让听众了解你想法的主要内容，并且获得他们的认可。如果可以，那么你的想法肯定已经足够强大。

> 正如一张
> 压缩成缩略图的高清图片，
> 小小的细红故事线中
> 也保留了关键信息——你想法的
> 主要内容、受众范围及影响力。
> ———

正如一张压缩成缩略图的高清图片，小小的细红故事线中也保留了关键信息——你想法的主要内容、受众范围及影响力。

这就是为什么撰写和测试你的细红故事线成了细红线这套方法中的最后一步。细红故事线让你确定自己的想法即使浓缩在一个微型的结构中也不失重点，这样你就能确保它在大规模应用中的效力。由此，你也会知道自己的想法已经非常强大，你可以通过它来构建投资推介、商务演示、图书撰写、商业项目、活动号召等不同场景需要的文本。下面我们来谈谈具体方法吧。

如何构建细红故事线

从多个方面来看，构建细红故事线可以说是所有环节里最容易的一步了。因为就在你构思细红线模型的各个话术时，你已经一点点地把细红故事线构建出来了。现在你要做的就是在一个完整的会话中，通过复制、粘贴把这些元素串联在一起，或者你也可以把构建细红故事线的过程变成一个填字游戏——我就是这么做的。

请这么做：

从之前章节中收集细红线模型的所有话术。

复制、粘贴进本章开头的细红故事线模板中。

有时候，你会发现虽然你已完成每一个独立的细红线话术，但是当你把它们组合在一起时，总感觉不太和谐。有时候，这只是表面问题，比如，模板或话术的措辞不太理想。对于这种常见情况，你可以随意地对模板与话术进行语言方面的调整，直到内容的匹配度和流畅度达到你的标准。

TEDx剑桥的主讲人德拉吉·罗伊，也就是我此前曾经提到的那位研究阿尔茨海默病的学者，针对这个优化与调试的过程，为我们提供了一个非常好的案例。你也许记得在德拉吉的案例中，他的研究提供了一个真相——对于患有早期阿尔茨海默病的小鼠，强化它们大脑的记忆检索系统是可能的。如果我们在这句话的前面加上对应的引导词——"不过，我们至少在一件事上可以达成一致，那就是……"那么这句话是不通的，至少不适用于介绍他的想法。因为如果德拉吉不解释他的相关研究，人们就不会认可他所揭示的真相。德拉吉可以把他真相话术的引导词改为"不过，我经过研究发现，……"

请这么做：———————————————

根据需要调整模板或话术的语言，以便让你的段落读起来更通顺、合理。

有时候，问题出在更深的层面。当你把多个话术串联在一起时，可能会发现你的内容逻辑不通顺，你的想法也因此不成立。这种情况也很正常。这时，我们首先要找到是哪一个环节的话术出了问题——按照每章开头的标准进行对比、检查，然后对出问题的话术进行修改，直到细红故事线变得清晰、流畅为止。不过，这样的修改意味着你可能也要对后续的话术进行一定的调整。不必担心，那也没关系。如果你在细红故事线这一环节就能发现问题并将其解决，这显然要比当你已形成大规模文本时再发现问题的情况更好。

请这么做：————————————

如果细红线模型的某项话术有问题，那就对它进行调整、优化。确保它能够达到相应的标准，并且放入细红故事线之后依然通顺、流畅。

如有需要，你也可以对细红故事线进行整体性调整。

使用细红故事线的另一种方式

通过一定的练习，你可能会发现自己能一步到位——从细红故事线开始撰写，直接创造你的细红线模型。你不必再分别撰写每项话术，而可以直接完成一个完整的细红故事线,以表达和论述你的观点了。

在我与客户的合作中,我们通常在构思出改变话术之后,就立刻将元素组合成细红故事线,并检查一下它的强度是否足够。你可以把你写的细红故事线读出来,然后通过类似以下的问题进行检查:

- [ ] 它听起来是否通顺?听众是否能认可整个细红故事线的逻辑,以及其中的每个话术?
- [ ] 它是否以你期望的方式说出了你的想法?你读这段话的时候有没有被打动?虽然这个标准听上去似乎有点不合实际,但是想要让自己的内容打动别人,那就必须让它先打动你自己。正如我的一位前老板告诉我的:"没有人会比你对你的内容更激动。"所以,要确保你的内容能让自己心潮澎湃。
- [ ] 当你可能需要以更长的篇幅来表述自己的想法时,你的各项话术是否可以扩充为篇幅更长、细节更多或更为复杂的文本?你的细红故事线是否能作为这种长篇文本的中心句?

将细红故事线用于推广

你可能会发现，目前细红故事线的形式虽然能帮你很好地论证你的想法，却不能帮你宣传你自己或你的公司。即使如此，我仍然建议我的客户以这种形式为起点来撰写细红故事线，因为它可以让一个人的观点变得足够强大。我相信你们之中的很多人可能希望将自己的想法应用到各种各样的场景中，因此推广你自己也应该成为你的细红线模型和细红故事线的功能之一。

在对细红故事线的模板进行一些微调之后，你就可以用细红故事线来简单介绍你自己或你的公司了。这种内容形式常被称为"电梯游说"，即在乘坐电梯的短暂过程中，你就可以把事说清楚。

你在本章开头看到的细红故事线模板，被我称为"说明版细红故事线"。顾名思义，当你想说明自己的想法，或者想让更多的人知道你或你的公司，却无法清晰表达时，你就可以用这个版本的细红故事线。在大多数的演示、书籍，以及每一份我与客户共同构建的说明中,都有说明版细红故事线的身影。如果你想利用细红故事线来宣传自己的想法,而非仅仅对其进行简单说明,那么你就要调整一下细红故事线的语言,让它更能体现你或你的公司的特点,比如:

> 我们都认可,我们想知道……(目标)。虽然存在很多我们已知的障碍,但是根据我们之前与类似用户或客户合作的经验,核心问题是……(双因素难题)。不过,我们相信(或我们的研究表明)……(真相)。这就是为什么我们得出了以下答案……(改变)。我们具体应该这么做:……(行为)。这么做不仅可以达成目标,我们还发现人们或客户会……(升华目标)。

虽然调整是细微的,但将该版本的细红故事线应用于销售话术、投资推介、公司主页时,效果非常不错。

根据不同用途，使用不同时态

通常，你撰写细红线模型的目的是让听众相信你的答案可以解决他们当下的疑惑。虽然如此，但只要改变时态，你就可以用细红线模型来解释过去已发生的事或未来会发生的事。

举个例子，我的客户优尔舒公司仅通过一些细微的调整，就把他们的细红线模型变成创业故事。该故事讲述了他们当初是如何起家的，又是如何走到今天的：

> 在我们创立这家公司的时候，我们心中曾有这么一个问题："如何让患者继续进行关键药物治疗？"无论是对患者，还是对患者正在接受的治疗，血液检测的结果都无法提供即时的反馈。因此我们看到，医生决策时只能依靠患者接受问诊时的回忆。不过，我们相信"眼见为实"。所以我们决定进行一些创新：我们希望找到一

> 种方法,可以即时把隐性疗效显性化——把人们无法感知的治疗效果转化为可见的检测结果。于是,我们开始专注于研发一种简单易行的尿检技术……

有时,利用细红故事线讨论将来的事也是很有意义的,因为它可以避免未来有可能或必然发生的某件麻烦事。多层级领导力模型的创始人——特德·马是这样设定他的细红线模型的:

> 我们都认可,我们想知道如何激发人们的潜力。但如果我们发现,我们的期望是发现更多的领导者,而我们的行动却是培训下属,那该怎么办?如果我们认可领导力是后天习得的,那么我们以后就要改变我们的方法。我们需要培养处于不同层级的员工的领导技能。以下是实现这一点的具体方法……

像这样把细红线模型的时间设定在未来，可以帮助你将坏消息"无害化"，也可以吸引倾听意愿不高的听众去了解某个目前存在的问题，毕竟有时思考"不存在的"问题比思考实际问题更容易被人接受。

从最小可行性论述，到最小可行性文本

有了细红故事线之后，你就能为你的文本找到最小可行性论述。它短小精悍，并且能清晰地表达出你的想法及其重要性。不过有时候，你可能需要比细红故事线更为简练的内容，比如，你想要为某次重要的会议构思一句开场白，或者留给你的时间连 60 秒都不到……为了应对这些情况，你需要准备可以帮你通过我在前面提到的 TEDx 测试的最小可行性文本。

为了写出这种最小可行性文本，你需要构建你的细红主线。

穿越迷宫行动清单

想要构建你的细红故事线,请检查以下事项:

- ☐ 你是否把细红线模型中的各个话术串联成了一份细红故事线?
- ☐ 你是否对语言进行了优化,让整个细红故事线读起来更加通顺、合理?

第 10 章

提炼主线：一句话表达想法

目标： 以改变为目标，构建一个人们愿意复述给自己听的故事，这样你才能将自己的想法转变为行动，甚至改变世界。

难题： 你的文本应该激发人们心中的疑问，不过这些疑问应该源于好奇，而非疑惑。

真相： 听众出于好奇所学到的知识会一直储存在他们的世界观中。这些知识会成为听众自我叙事的一部分，成为他们对自己讲述的故事的一部分。

改变： 在这个过程中，永远不要仅仅局限于满足人们的好奇心；你还要激发人们更多的好奇心。

行动： 撰写你的细红主线。

什么是细红主线

细红主线是以一句话形式呈现的总结，它涵盖了听众的疑问及你对此的回答。创造细红主线的目的是满足听众的好奇心，并且激发他们更多的好奇心。你的细红主线应该可以很好地回答"你的想法是什么"这个问题。

- ☐ 我的想法是……
- ☐ 我接下来想说……
- ☐ 这本书是关于……
- ☐ 我们公司可以帮你……

接下来，我会展示一些细红主线的案例，它们的（英文）字符数均少于140个，并且回答了"你的想法是什么"。

- ☐ 通过简单的尿检技术，我们把人们无法感知的治疗效果转化为可见的检测结果，以促使患者继续进行关键药物治疗。
- 我的演讲主题是关于如何整合大数据与厚数据——通过加深对人的了解来降低商业决策的风险。
- 我们将解释为什么投资这个项目有助于我们的机构同时实现支持编辑工作和财务工作的双重目标。
- 过往的经历会以恐惧的形式产生深远的影响。这份幻灯片的主题是如何克服镜头和舞台给我们带来的恐惧。
- 接下来,我将为你们展示针对不同岗位员工的不同情况,如何制定个性化的激励措施,以便留住千禧一代的员工。
- 为了控制你的恐惧,你需要每天都刻意去做一些令自己恐惧的事情。
- 要激发人们的潜能,就要培养各个层级的人的领导力。

当然,你也可以把这套标准模板应用到戴比尔斯公司的案例中，比如，"钻石是最能体现彼此承诺的信物，因为钻石恒久远，一颗永流传"。

找到你的细红主线

如果让我说出一样听众缺少的东西，那一定是时间。这就是我在本书开头让你进行 TEDx 测试的部分原因。还记得那个测试吗？我让你用一个不超过 140 个（英文）字符的句子来表述你的想法。我还给了你以下的准则：

- ☐ 你的表述必须让完全不了解你想法的人也能轻易理解。
- ☐ 你表述的内容必须包含听众期望得到，并且对此予以承认的某种东西。也就是说，哪怕在同事和朋友面前，他们也会大大方方地承认自己内心的这种期望。
- ☐ 对于听众期望达到的目标，你的内容必须指出一条全新的、截然不同的路径。

细红主线的标准

1. 细红主线必须包含听众的目标。
2. 细红主线必须包含难题、真相或改变话术。
3. 细红主线的内容必须让完全不了解你想法的人也能轻易地明白你的意思。如果你必须使用某些术语或不常用的词语,那么你的表述必须让完全不了解你想法的人也能理解这些词语的意思。
4. 细红主线的字数不能够超过140个(英文)字符。

> 一把小钥匙可以开启许多大门。

面对我的客户时，我经常把 TEDx 测试的答案称为"最小可行性文本"，这个短语的灵感源于初创企业和产品开发领域中的敏捷和精益框架。这两种方法鼓励人们打造一种被称为"最小可行性产品"的东西——它是新产品的一个特定版本，可以让团队以最小的付出收集到最多的有关客户的有效知识。最小可行性产品通常被简称为 MVP（minimum viable product）。

众所周知，MVP 永远都不是产品的最完美版本，它仅仅是一个可运行的简易版本，以便产品团队与公司了解产品中哪些部分是应该保留的，哪些部分又是应该剔除的。

出于类似的目的，当你谈论自己的想法时，你也需要为自己准备一个"最小可行性产品"。你的细红主线，尤其是足以通过 TEDx 测试的最精简版本，就是你的最小可行性文本。

细红主线让你有机会测试你自己的想法，从而确定它能否取得预期的成果，以及如何才能取得预期的成果。人们对你细红主线的反应，可以揭示你文本影响力的大小。当有人想了解你的想法时，如果你讲述了自己的细红主线，对方却踱着步走开，然后躲到了鸡尾酒会的某个角落里，那么这种情况可不太理想。

还有另一种不太理想的情况，那就是人们一直很有礼貌地围在你身边，不停地提出那种"错误"的问题——并非所有的问题都是生来平等的。如果听众因困惑或不理解而提出问题，那意味着你的细红线模型还有很大的优化空间，甚至说明你的想法本身可能存在问题。你不希望的是，人们之所以不停向你发问，只是因为他们不理解你到底在说什么，或者不理解为什么你讲的东西如此重要。

你要寻找的是源自好奇心的问题。你希望人们之所以不停向你发问，是因为他们虽然已经理解了你的意思，但还是好奇，希望了解更多的内容。

为什么好奇心有那么重要呢？

因为好奇心可以激发我们学习的欲望，我们出于好奇心所学到的内容一般不会遗忘。这些内容会留在我们的大脑中，成为我们世界观的一部分。你的听众所学到的内容，特别是他们出于好奇心所学到的内容，将改变他们看待世界的视角。有时这种改变比较明显，有时则比较细微。但是无论如何，这些改变都是持久的。就像我们的期望与信念不会眨眼就变一样，我们也不会轻易就忘掉所学到的内容，听众也是如此。你学到的东西会逐渐变成你对自己讲述的故事的一部分。这就是为什么你不能仅仅局限于满足听众的好奇心，还要激发他们更多的好奇心。

这就是最小可行性文本的功能，而你现在已经凑齐了撰写它所需的全部素材。当你在为自己的想法构建最小可行性论述（细红故事线）时，你就已经凑齐了素材。你现在可以以一种新颖、有力的形式将它们串联起来。

什么样的形式是最有力的？那就是对"你的想法是什么"这个问题，你能给予最简单、最精炼回答的细红主线。

终于到时候了，请你把它找出来吧！

> 你要寻找的是源自好奇心的问题。
> 你希望的是，人们之所以不停向你发问，
> 是因为他们虽然已经理解了你的意思，
> 但还是好奇，希望了解更多的内容。

如何构建细红主线

想要构建一句话形式的细红主线,你可以使用如下公式:

> 细红主线 = 目标 + 难题 / 真相 / 改变

细红主线必须包含某种目标(第1部分)。这个目标决定了文本与听众的相关性,因为它决定了你的想法可以回答什么样的问题。

为了让你的文本能够使听众耳目一新,你的细红主线还需要包含你想法里最令人出乎意料的话术(第2部分)。这部分的内容可以来自你的难题、真相或改变话术。

请这么做:

利用细红主线的公式,通过头脑风暴构思所有可能的细红主线组合:

- 目标 + 改变：这通常是最常见的组合。
- 目标 + 难题：这是第二常见的组合。
- 目标 + 真相：这种组合虽然没那么常见，但是也很实用。

从下方选择一个合适的句式，用介绍性的文字将其补充完整：

- 我的想法是……
- 我接下来想说……
- 这本书是关于……
- 我们公司可以帮你……

用你构思出的最佳组合完成你的细红主线，并确保它满足前文列出的标准。

有时候，你可以轻松地搭配出细红主线的两个部分——目标 + 难题 / 真相 / 改变。有时候，则必须通过头脑风暴才能从众多选项中选出最适合你的特定情况和特定用途的组合。按照惯例，哪怕你进行了一番额外的头脑风暴，也请你把构思出的所有内容都记下来，因为你可能会在未来用它们来撰写其他版本的细红主线。

从简介到预告片，再到完整正片

你的细红主线就像是一部电影的简介，即剧情梗概。你可以通过阅读剧情梗概来判断自己对某部电影是否感兴趣。如果感兴趣，那么你可能会去看一下这部电影的预告片。如果你觉得预告片也非常棒，那么你通常就愿意去看电影正片了。

同理，因为你的细红主线是对"你的想法是什么"，或者与之类似的听众问题的回答，它发挥着类似一句电影简介的作用。你的听众通过它来决定自己是否想要进一步了解你的想法。如果听众有兴趣，你就要提供"预告片"——细红故事线了。如果他们对此也感兴趣，那么他们就会去看"正片"——对应具体用途的内容，无论长短。

现在，你有了作为最小可行性文本的细红主线，也有了作为最小可行性论述的细红故事线——你拥有了一套强强组合，它们能帮助你有效地用故事来表述自己的想法。你也拥有了所有必需的原料，可以给你的想法打造一个让听众既愿意对自己复述又愿意对他人复述的故事了。

> **穿越迷宫行动清单**
>
> 想要构建你的细红主线，请检查以下事项：
>
> ☐ 你是否依靠头脑风暴构思出了所有可能的组合？比如，目标＋改变，目标＋难题，目标＋真相。
>
> ☐ 你是否从中挑选出了一个最强组合，并且把它完善为一个句子？

" 所谓过去，
就是未来眼中的现在。 "

结语

用好细红线模型，让你的想法不可抗拒

在本书的开篇，我为你讲述了细红线的故事——忒修斯利用细红线成功地击败了牛头怪并走出牛头怪居住的迷宫。虽然这个故事是你刚才学习的那套方法的名字来源，但是关于细红线的故事可远远不止这一种。事实上，几乎每种文化、每种哲学体系中都有与细红线有关的故事。对其中几大故事的学习，可以让你对自己的细红线模型有更深入的了解，并掌握一些其他的应用方法。

命运的细红线

在某些东方哲学中，"命运的细红线"指的是把你

和其他人连接起来的一条看不见的红线,有时也被称为"天意的细红线"。有的人相信这根红线可以把你与你的真命天子/女联系在一起,有的人则把这个理念拓展到更广泛的领域中,比如,将其应用到某个孩子及收养这个孩子的养父母之间。无论如何,这些人都相信命运的红线虽然可能出现延伸或缠绕的情况,但是永远不会断开。

如何运用

命运的细红线与你的细红线模型之间存在着一个共同之处,那就是两者都代表着你与他人的联系。请记住,细红线模型的两端是听众的疑问与你的想法、产品、服务所代表的答案,而你的目标自然是让这条细红线始终保持完整且不打结,并且持续地与你的听众联系在一起。

你的想法永远不可能独自存在,它的存在仰赖于两个必不可少的元素——你和你的服务对象。你的细红线模型就是连接两者的那条生命线,它让原本看不见的连接变为人们可感知、可发起行动的连接。

窃贼的纱线

"窃贼的纱线"源于大航海时代。只要想象一下那些巨大的帆船和高大的海盗,你的眼前可能就会出现我们接下来要谈到的窃贼了——他们会为了自己的船而把别人船上贵重的绳索偷走。为了抓住这种窃贼,或者在缴获窃贼偷的绳索后物归原主,人们开始在绳索中编入一根彩色的线以标示绳索的所有权,这条彩线就是"窃贼的纱线"。其中最著名的案例就是英国皇家海军,他们把红色作为自己的"窃贼的纱线"的颜色,于是关于细红线的另一个隐喻就此诞生了。

如何运用

这种用来"提高辨识度"的红线在我这个职业品牌策略顾问兼海盗迷的心中有着特殊的地位。我特别喜欢有辨识度的想法——人们哪怕只是看到它的片鳞半爪,也可以认出它的创造者。如何实现这样的效果呢？你要将自己独一无二的期望、视角和信念植入你的想法及相关论述，细红线模型达到的正是这个效果。

你通过前面章节所构建的细红线模型以及从今往后构建的所有细红线模型，都根植于你的世界观。很明显，你的世界观是独一无二的。任何人看待世界的角度都不可能与你相同，因为他们不可能与你有相同的人生经历，这个道理也适用于企业的细红线模型。

通过清楚地表达你自己的细红线模型，你创造了专属于你的内容。你对外展示它的次数越多，能看到它并与你产生联系的听众也就越多。

忒修斯的细红线

你现在应该已经非常熟悉最后这个细红线故事了。正如我在序言中所说，这个故事给了我灵感，让我想到了"细红线模型"这套方法的名字。"忒修斯的细红线"是这个希腊神话在北欧地区的衍生版本，指的是事物的核心主题或"有条理的思维过程"。换言之，忒修斯的细红线就是将所有元素合理地串联在一起的主线。

我现在应该已经不用再把故事讲一遍了，但是我还是想说一说你如何才能更好地理解这个故事。你已经发现了那条通往思维迷宫中心的道路，在迷宫的中心有某个想法，它可以帮你的听众干掉他们想要打败的怪兽。你利用细红线模型回顾了你进入迷宫的完整路径，并且把这条路径分享给了你的听众，让他们得以沿着你的足迹前行，希望他们最终也能抵达同样的终点。为了帮助你的听众做出改变，进而达成他们的目标，你为他们提供了方法和理由。

如何运用

找到细红线模型的话术之后，你可以用细红故事线把它们串联在一起，用细红主线对它们进行总结。现在，你已经凑齐了所有东西，可以清晰地表述自己的文本，并且将你那优秀的想法传遍世界了。

细红线的力量

本书仅展示了细红线模型的各种元素及使用方法的部分案例。如果你想看更多的案例，你可以阅读我在个人官网上发布的 100 多份电子简讯，它们大多含有细红线模型。在这些简讯中，我通常会把与细红线模型相关的内容加粗。你也可以在我的 YouTube 频道观看 100 多个不同的视频，其中涉及细红线模型的各种应用。

你刚刚学习和运用的这套流程如今已经出现在数以百计的文本、营销活动、商业演示、TED 和 TEDx 演讲、Keynote 幻灯片、图书以及更多的用途中。这些都是成百上千名客户的学习成果，其中有的人曾经与我直接合作过，有的人则是自己学习并实践的，但是他们都基于自身的想法，找到并构建了自己的细红线模型。随后，他们根据不同的用途和期望取得的成果，对他们的细红线模型进行了个性化调整。

虽然这个体系的底层结构保持不变，但你可以在细红线模型上构建的内容及其样式、风格、种类几乎是无限的。举个例子，有人说所有的故事都只有 7 个基本情节。我们假定这个说法是真的，但是你可以想象一下，全世界各种故事的情节有多少不同的变化？如果你能意识到各种各样的故事都与细红线模型有着完全一致的核心元素，即目标、难题、真相、改变、行动，那么你可能会感到更加诧异。不过，在发现与构建细红线模型这件事中，最吸引我的是，你创造的细红线模型越多，它们彼此之间就越会紧密地联系并交织在一起，从而形成你那独一无二的世界观。

　　我的客户与我合作的最常见原因，就是他们希望理解他们目前做过的所有工作对自己和拓展市场来说到底有什么意义。事实上，他们中的很多人担心自己所构思的各种产品、项目、方案、想法之间缺乏一个共同的内核。其实，这个内核一定是存在的，原因就在于所有构思中都潜藏着细红线模型。它让你的思考过程就像在玩一篇故事版的填词游戏。每当你构思出一个新想法、创造出一个新产品、创办了一家新公司，甚至开启了一段全新的职业生涯时，你的大脑就在填词游戏的空格中填好了相应的答案。

虽然你收获的结果各有不同，但是这些结果背后都有一个共同的因素，那就是你自己。

通过观察我的许多客户及其他人的探索，我有了一个令人难以置信的奇妙发现——通过为自己的想法构建细红线模型，最终往往会构建出你本人的细红线模型。这个基于你本人的细红线模型会揭示你的决策模式，也会揭示你每天都在不断完善的故事，还会揭示你指导自己生活与工作的叙事方式。

这个世界需要你

在你的头脑中有一个很棒的想法。我真心相信，也十分希望如此。你的想法可以改变世界，因为它已经通过某种方式改变了你。只要它进入你的大脑，你就无法再将它赶出去。现在，你应该知道如何表述这个想法，并且让听众也无法抗拒这个想法了。你的听众期望并需要为他们自己的疑问找到答案，以此来实现自己的目标。现在，你知道他们的大脑必须遵循特定的路径，才能把你的想法视为回答他们疑问的答案。

通过找到想法背后隐藏的故事，你构建了一个听众既可以复述给自己听，也可以复述给他人听的故事。

故事的形式也许是通用的，但是构建和表述故事的方式是专属于你自己的。一旦你构建了自己的故事，你就能将自己的细红线与我此前提过的3种细红线交织在一起——就像忒修斯的红线一样，你的细红线将帮你确定故事的轮廓与表述方式；就像是窃贼的纱线一样，你的细红线将揭示出你与众不同的观点；就像命运的红线一样，你的细红线将把你与听众联系在一起。

这个世界需要你的细红线，这个世界需要你的想法，这个世界需要你。

请你帮我们干掉怪兽。

请你帮我们拯救城市。

请你帮我们找到你的细红线，这样我们就可以把它与我们自己的细红线交织在一起。

致　谢

在讲故事的过程中，最重要的原则是永远不要把自己塑造成故事里的英雄。顺带说一句，我也不建议你把自己塑造成故事中的导师。以我的经验来看，把自己塑造成故事里的一位同路人会更加合适。我能和这些人一起体验这趟旅途，我是多么幸运啊！

我做过很多"教别人演讲的演讲"，我的儿子托马斯和彼得觉得这件事特别有意思。虽然他们无疑要在很久以后才可能读到这句话，但我想对他们说，我这辈子能表达的最重要的话就是"你们是这个世界上最让我感到自豪的人"。他们一直在帮助我，让我重新思考沟通方面的知识。同时,我也要谢谢他们的父亲帕特里克,你不但是我最佳的育儿搭档,还是我最真挚的朋友。

在成长的过程中,我和我姐姐一直调侃我们的父母,说他们是间谍,因为他们很难向我们解释清楚自己的工作。但是,有一件显而易见的事——我父母对周围的人和世界一直怀有极大的热情,而这份热情对我来说是一份无与伦比的馈赠,也是我人生细红线模型的一个重要部分。父母那份"说不清楚"的工作为我奠定了某些优势,而在我写出本书之前,我很难解释,自己到底凭借这些优势从事了一份什么样的工作。不过现在,他们终于给了我的工作一个直截了当的称呼,那就是"作家"。感谢你们的好奇心、爱和信念,正是它们促成了这次蜕变,也许还促成了我的诞生。

说到我的姐姐基拉,她是名副其实的艾美奖得主,亦是家中的讲故事专家。她还是我的救命恩人,无论是在现实层面,还是在心理层面,她都多次挽救过我的生命。如果没有她和我姐夫艾伦,我的这本书、我的事业,以及我的生命都不会存在。无论我怎么说"谢谢",都不足以表达我对他们的感谢。我会持续对他们表达我的谢意。

梅莉萨·凯斯（Melissa Case）是我最好的朋友。如果我哪天想把自己打扮成 20 世纪 80 年代流行乐队——人类联盟（The Human League）的成员，她的名字就会立刻浮现在我的脑中。她人生的细红线模型多方面地强化了我人生的细红线模型。她的存在让事情变得充满乐趣。

接着该说说我的贵人了。当我需要支持的时候，尼恩·詹姆斯绝对是最佳人选。她曾经多次帮我脱离绝境，也让我远离河马（这背后的故事说来话长）。每个人都需要一位属于自己的尼恩，我很庆幸遇到了她。除此之外，每个人也都需要一个属于自己的小团队，就像我在 SheNoter 公司遇到的团队一样，这个团队包括：尼恩、塔米·埃文斯（Tami Evans）和埃琳·加根·金（Erin Gargan King）。姑娘们，谢谢你们和我一起溜出去偷吃零食，谢谢你们写出了这个星球上最友善、最温暖、最直率的文字。

如果不是我和尼恩与另外两位才华横溢的朋友——乔伊·科尔曼（Joey Coleman）和克莱·赫伯特（Clay

Hebert）共进晚餐，这个模型就不可能有"细红线模型"这个名称。我非常感谢他们。当我在给这个模型起名字的时候，他们的启发使我联想到细红线这个概念。当我询问他们，"细红线模型"是不是个好名字时，他们激动地回答我："就是它了！"说实话，如果你在像他们那么聪明的人脸上看到如此兴奋的表情，你就知道自己的发现绝对是重量级的。

在撰写本书的过程中，罗恩·普洛夫、劳拉·加斯纳·奥廷（Laura Gassner Otting）和戴安娜·马尔卡希（Diane Mulcahy）从一开始就陪伴着我。甚至在我开始动笔之前，他们就已经在我的身边了。正是劳拉与戴安娜激励我出来创业的。我非常感谢她们两人让我醒悟，也很感谢劳拉愿意成为我的第一个正式客户。她教会了我太多东西。4年前，我每个月都会和罗恩进行一次讨论，聊聊我们各自的项目。我和罗恩之间的月度讨论就是我萌生这套想法的最初测试关卡。罗恩运营的项目也对我的思考产生了重大的影响，罗恩当时的项目后来转化为他的著作《谚语效应》。谢谢你，罗恩，谢谢你教会我如何打造和阐述谚语。

在我与 TEDx 剑桥的演讲者合作期间，细红线模型经历了它的第一轮测试。执行总监德米特里·冈恩（Dmitri Gunn）和我都无法想象，那天的一顿午饭能够孕育出如此神奇的成果。回想多年前的那天，德米特里向我建议，我应该考虑和 TEDx 剑桥的主讲人进行合作。于是，我就那么去做了。事实上，TEDx 的工作经历是我迄今为止职业生涯中最有价值的，我相信未来也仍会如此。德米特里，谢谢你，你是我工作中的伴侣，也是"创意爵士"活动中最好的即兴搭档。

和所有伟大的教练一样，迈克尔·波特（Michael Port）与埃米·波特（Amy Port）帮我加深了对自己想法的理解。如果没有这对夫妻，我自己那场基于细红线模型的 TEDx 演讲，甚至这个想法本身，都会变得完全不同。谢谢你们，我的朋友。

在我刚开始写本书的时候，我与才华横溢、乐于助人的米奇·乔尔（Mitch Joel）和杰伊·贝尔（Jay Baer）沟通过。他们对本书读者的需求，以及我自己的需求提出了他们的看法，给了我巨大的帮助。乔希·伯诺夫（Josh Bernoff）帮我分析了哪些内容是这本书不需要的，这对本书来说同样是很重要的贡献，因此，我也非常感谢你——乔希！安·汉德莉（Ann Handley）告诉我，我在写书的时候应该挑选自己得心应手的内容来写。虽然这书写得仍然不算容易，但我非常庆幸我接受了她当时的建议。

当你在构思某个想法或撰写类似本书的图书时，你能从听众那里收到很多反馈，有的是他们主动说的，有的是你主动问的。我很幸运，我收到了马贾·丹尼斯（Majja Denis）的反馈。她是我以前的老板和目前的朋友，她给我提的建议至今仍是我人生中收到的最好的建议："你无法决定他人对你的解读方式，你只能决定自己能为他人提供什么样的体验。"我想你能理解这个建议对我来说是多么重要吧。事实上，马贾提出的这一理念正是本书细红线方法的核心所在。

克莱门蒂娜·埃斯波西托（Clementina Esposito）是与我心灵相通的姐妹，也是一位雷厉风行的女强人。在本书的初创阶段，她协助我一起梳理出细红线模型的步骤与受众。能够认识这样一位讲故事专家并成为她的好友，我真是太幸运了！

在我撰写本书时，德博拉·阿格（Deborah Ager）是第一位正式与我合作的人。我们之间的谈话后来演变成本书的内容大纲。我相信，她构思出的诸多提示和疑问帮助编辑减少了后续工作量。

我的编辑肯德拉·沃德（Kendra Ward）可能不会承认工作量减少了。但无论如何，肯德拉在整个过程中尽其所能地接纳了我的想法，并打磨出了它的最佳版本。

本书本身就证明了杰西·芬克尔斯坦（Jesse Finkelstein）和特雷娜·怀特（Trena White）对我的信任。正因他们对我的信任、他们在 Page Two 的出色团队，以及他们对何为真正的合作关系的信念，你才能读到这本书。

没有好的计划和好的朋友，所谓的信念就不值一提。幸运的是，我拥有两位这样的朋友和顾问。对我来说，帕梅拉·斯利姆（Pamela Slim）既是一位真挚的好友，又是一位商业教练。谢谢你，在我想哭的时候，你会宽慰我。就算在我真哭的时候，你也能通过网络安抚我的心情。和她一起的还有文迪·霍尔（Wendi

Hall），文迪也曾帮我摆脱困境。对我姐姐来说，文迪绝对是世界上仅次于我的第二无趣之人。文迪曾经寄过一个杯子给我，杯子上写着："有时候你会忘记自己很了不起，我来提醒你一下。"文迪，我也怕你忘记，你太了不起了。

珍妮弗·伊安诺洛（Jennifer Iannolo）既是我的朋友，又是我的客户。她曾经给我起了一个绰号，叫"想法私语者"（the Idea Whisperer）。让我很高兴的是，这个绰号沿用至今。如果没有珍妮弗·蒙特福特（Jennifer Montfort），那么无论是这本书，还是我的事业，都将不存在。她称自己为"塔姆森私语者"（Tamsen Whisperer），她的自我评价简直太恰当了。10年前，她第一次和我共事，即使后来我们因为各自的职业走向了不同的方向，但当我想要组建自己的团队时，她是我头脑中出现的第一人选。如今，珍妮弗一个人就撑起了我的整支团队。她掌管团队的一切，确保我们的客户得到他们需要的东西，帮助我保持头脑的清醒。此外，她在完成这些任务时，内心始终保持善良、真诚。如果没有她，我几乎什么都做不了。

最后一位要感谢的人是我的丈夫汤姆，他永远为我照亮前进的道路。他始终对我和我的想法充满信任，哪怕在我自己都动摇的时候，他也一直相信着我。虽然我原本可以独自完成这些工作，但我很庆幸我能有你的陪伴。向美好的 40 年致敬，向我们的婚姻致敬，谢谢你能和我在一起。

未来，属于终身学习者

我们正在亲历前所未有的变革——互联网改变了信息传递的方式，指数级技术快速发展并颠覆商业世界，人工智能正在侵占越来越多的人类领地。

面对这些变化，我们需要问自己：未来需要什么样的人才？

答案是，成为终身学习者。终身学习意味着具备全面的知识结构、强大的逻辑思考能力和敏锐的感知力。这是一套能够在不断变化中随时重建、更新认知体系的能力。阅读，无疑是帮助我们整合这些能力的最佳途径。

在充满不确定性的时代，答案并不总是简单地出现在书本之中。"读万卷书"不仅要亲自阅读、广泛阅读，也需要我们深入探索好书的内部世界，让知识不再局限于书本之中。

湛庐阅读 App: 与最聪明的人共同进化

我们现在推出全新的湛庐阅读 App，它将成为您在书本之外，践行终身学习的场所。

- 不用考虑"读什么"。这里汇集了湛庐所有纸质书、电子书、有声书和各种阅读服务。
- 可以学习"怎么读"。我们提供包括课程、精读班和讲书在内的全方位阅读解决方案。
- 谁来领读？您能最先了解到作者、译者、专家等大咖的前沿洞见，他们是高质量思想的源泉。
- 与谁共读？您将加入到优秀的读者和终身学习者的行列，他们对阅读和学习具有持久的热情和源源不断的动力。

在湛庐阅读 App 首页，编辑为您精选了经典书目和优质音视频内容，每天早、中、晚更新，满足您不间断的阅读需求。

【特别专题】【主题书单】【人物特写】等原创专栏，提供专业、深度的解读和选书参考，回应社会议题，是您了解湛庐近千位重要作者思想的独家渠道。

在每本图书的详情页，您将通过深度导读栏目【专家视点】【深度访谈】和【书评】读懂、读透一本好书。

通过这个不设限的学习平台，您在任何时间、任何地点都能获得有价值的思想，并通过阅读实现终身学习。我们邀您共建一个与最聪明的人共同进化的社区，使其成为先进思想交汇的聚集地，这正是我们的使命和价值所在。

CHEERS

湛庐阅读 App
使用指南

读什么
- 纸质书
- 电子书
- 有声书

怎么读
- 课程
- 精读班
- 讲书
- 测一测
- 参考文献
- 图片资料

与谁共读
- 主题书单
- 特别专题
- 人物特写
- 日更专栏
- 编辑推荐

谁来领读
- 专家视点
- 深度访谈
- 书评
- 精彩视频

HERE COMES EVERYBODY

下载湛庐阅读 App
一站获取阅读服务

Find Your Red Thread by Tamsen Webster

Copyright © 2021 by Tamsen Webster

Published by arrangement with Transatlantic Literary Agency Inc., through The Grayhawk Agency Ltd.

All rights reserved.

本书中文简体字版经授权在中华人民共和国境内独家出版发行。未经出版者书面许可，不得以任何方式抄袭、复制或节录本书中的任何部分。

版权所有，侵权必究。

图书在版编目（CIP）数据

细红线模型 /（加）塔姆森·韦伯斯特
（Tamsen Webster）著；诺壹乔译. -- 杭州：浙江教育
出版社, 2023.9
ISBN 978-7-5722-6447-4

Ⅰ.①细… Ⅱ.①塔… ②诺… Ⅲ.①思维方法-研
究②语言艺术-研究 Ⅳ.① B804 ② H05

中国国家版本馆CIP数据核字（2023）第157158号

浙江省版权局
著作权合同登记号
图字：11-2023-316号

上架指导：商业管理 / 畅销书

版权所有，侵权必究
本书法律顾问　北京市盈科律师事务所　崔爽律师

细红线模型
XIHONGXIAN MOXING

［加］塔姆森·韦伯斯特（Tamsen Webster）　著
诺壹乔　译

责任编辑：沈久凌　石　妍
美术编辑：韩　波
责任校对：李　剑
责任印务：陈　沁
封面设计：ablackcover.com

出版发行：浙江教育出版社（杭州市天目山路40号）
印　　刷：石家庄继文印刷有限公司
开　　本：880mm×1230mm 1/32
印　　张：8.375
字　　数：129千字
版　　次：2023年9月第1版
印　　次：2023年9月第1次印刷
书　　号：ISBN 978-7-5722-6447-4
定　　价：99.90元

如发现印装质量问题，影响阅读，请致电010-56676359联系调换。